入门很**轻松**

HTML5+CSS3+JavaScript

入门很轻松

（微课超值版）

云尚科技◎编著

清华大学出版社

北京

内容简介

本书结合流行有趣的热点案例，详细介绍了 HTML5+CSS3+JavaScript 开发中的各项技术。本书共 17 章，分别介绍了 HTML5 基础、网页中的文本、图像和超链接、CSS3 基础入门、CSS3 常用属性、CSS3 的高级应用、设计列表与菜单、表格与<div>标记、网页中的表单、JavaScript 基础入门、JavaScript 编程基础、JavaScript 对象编程、JavaScript 事件机制、绘制网页图形、文件与拖放、响应式网页组件，最后通过设计企业响应式网站的综合案例对本书所讲的各项技术进行了综合应用。

本书内容侧重实战，每个重要的技术都精心配置了实例，在讲解完知识点的详细内容后，可以通过实例进一步深入了解该技术的应用场景及实现效果，这种"知识点+实例"的设置更易于记忆和理解，也为实际应用打下了坚实的基础。另外，书中还设置有"大牛提醒"，对重要的知识点查漏补缺或进行拓展说明，以做到重点内容全覆盖。每章内容学习完还可以通过"实战训练"检验学习成果，并且案例和实战练习都配有视频操作，在学习中遇到疑难可以随时观看视频寻求答案。

本书适合零基础的网页设计者和希望快速掌握 HTML5+CSS3+JavaScript 开发技术的人员学习使用；针对有一定网页设计基础的读者，也可以通过本书进一步理解 HTML5+CSS3+JavaScript 的重要知识和开发技能。对于大中专院校的学生和培训机构的学员，本书也是一本非常实用的教材。

图书在版编目（CIP）数据

HTML5+CSS3+JavaScript 入门很轻松：微课超值版 / 云尚科技编著. —北京：清华大学出版社，2022.1
（2023.1重印）

（入门很轻松）

ISBN 978-7-302-59020-0

Ⅰ. ①H… Ⅱ. ①云… Ⅲ. ①网页制作工具－教材 Ⅳ. ①TP393.092.2

中国版本图书馆 CIP 数据核字（2021）第 177132 号

责任编辑：张　敏
封面设计：杨玉兰
责任校对：徐俊伟
责任印制：朱雨萌

出版发行：清华大学出版社
　　　　　网　　　址：http://www.tup.com.cn, http://www.wqbook.com
　　　　　地　　　址：北京清华大学学研大厦 A 座　　　邮　　编：100084
　　　　　社 总 机：010-83470000　　　　　　　　　邮　　购：010-62786544
　　　　　投稿与读者服务：010-62776969, c-service@tup.tsinghua.edu.cn
　　　　　质量反馈：010-62772015, zhiliang@tup.tsinghua.edu.cn
印 装 者：三河市天利华印刷装订有限公司
经　　销：全国新华书店
开　　本：185mm×260mm　　　印　　张：18　　　字　　数：588 千字
版　　次：2022 年 1 月第 1 版　　　印　　次：2023 年 1 月第 2 次印刷
定　　价：69.80 元

产品编号：084860-01

前 言 | PREFACE

随着信息技术的飞速发展，用户页面体验要求也在不断提升，使得页面前端技术日趋重要，这也导致网页设计技术在不断进步。而 HTML5、CSS3 和 JavaScript 的组合使用，大大减轻了前端开发的工作量，很好地解决了 HTML 控件功能单一和浏览器差异导致的各种问题，提高了网站前端开发的效率，节省了成本。

本书主要讲述 HTML5+CSS3+JavaScript 流行的黄金搭档，从易到难引领大家入门网页设计。

本书的最佳学习模式如下图所示。

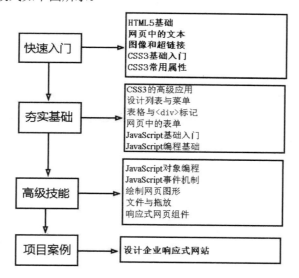

本书特色

由浅入深，编排合理：知识点讲解由浅入深，结合流行有趣的热点案例，基本涵盖了 HTML5+CSS3+ JavaScript 开发的所有基础知识，循序渐进地讲解了网页设计的要点和难点。

扫码学习，视频精讲：为了让初学者快速入门并提高网页设计能力，本书提供了微视频资源，通过扫描二维码，可以快速观看视频操作，如同专职老师随时解决学习中的困惑。大家还可以关注公众号 codehome8，获取视频的下载地址。

项目实战，检验技能：为了更好地检验学习成果，每章的结尾部分都设置有"实战训练"，读者可以边学习，边进行实战项目训练，强化实战开发能力。扫描实战训练的二维码，可以查看实战任务的解题思路和案例源码，从而提升开发技能，拓展编程思维。

提示技巧，积累经验：本书对读者在学习过程中可能会遇到的疑难问题以"大牛提醒"的形式进行说明，辅助读者轻松掌握相关知识，规避编程陷阱，让大家在自学的过程中少走弯路。

超值资源，海量赠送：本书附赠了大量超值的资源，包括同步教学视频、教学 PPT 课件、案例及项目源码、教学大纲、求职资源库、面试资源库、笔试题库和小白项目实战手册，大家可以随时获取使用。

名师指导，学习无忧：本书还提供技术支持 QQ 群（912560309），欢迎大家加入 QQ 群获取本书的赠送资源并交流技术。

读者对象

本书是一本完整介绍 HTML5+CSS3+JavaScript 开发技术的教程，内容丰富、条理清晰、实用性强，适合以下读者学习使用：

- 零基础的网页设计自学者；
- 希望快速、全面掌握 HTML5+CSS3+JavaScript 开发的人员；
- 高等院校的教师和学生；
- 相关培训机构的教师和学生；
- 初中级网页开发人员；
- 要完成毕业设计的学生。

鸣谢

本书由云尚科技团队策划并组织编写，主要编写人员为王秀英和刘玉萍。本书虽然倾注了众多编者的努力，但由于时间紧迫，书中难免有疏漏之处，欢迎读者积极与我们联系，希望在探讨的过程中我们能够共同进步。

编　者

2021 年 12 月

目 录 | CONTENTS

第1章

HTML5 基础

目前，浏览网页已经成为人们生活、娱乐、工作的一部分，网页页面也随着网页开发技术的发展越来越丰富和美观，网页中不仅有文字、图片，还有视频、动画效果等，极大提升了用户的视觉感受。HTML 可以实现网页设计和制作，尤其是可以开发动态网站。本章就来介绍 HTML 的相关基础知识。

1.1 HTML 概述

HTML（Hyper Text Markup Language，超文本标记语言）是纯文本类型的语言，它是 Internet 上用于编写网页的主要语言，使用 HTML 编写的网页文本也是标准的纯文本文件。

1.1.1 什么是 HTML

HTML 是一种用于创建网页的标准标记语言，用户可以使用 HTML 建立自己的 Web 站点，HTML 运行在浏览器上，由浏览器解析。HTML 不是一种编程语言，而是一种描述性标记语言，用于描述超文本中的内容和结构。

HTML 文档包含了 HTML 标签及文本内容，HTML 文档也叫 Web 页面。HTML 可以使用文本编辑器（例如 Windows 系统中的"记事本"程序）打开，查看其中的 HTML 源代码；也可以在用浏览器打开网页时，右击，在弹出的快捷菜单中选择"查看网页源代码"选项，查看网页的 HTML 代码，如图 1-1 所示。

图 1-1　查看网页源代码

1.1.2 HTML 的发展历程

　　HTML 的历史可以追溯到很久以前。从 1993 年 HTML 首次以 Internet 草案的形式发布以来，与 Windows 一样，随着技术的发展，HTML 经历了多次版本更新。从 2.0 版、3.2 版到 4.0 版，再到 1999 年的 4.01 版，直到现在正逐步普及的 HTML5，它经历了曲折的发展历程。

　　1999 年，W3C 发布了 HTML4。在那时，人们浏览网页主要是看新闻、发邮件等，HTML4 完全能够满足需求，因此在很长一段时间内，人们都认为 HTML 标准不需要更新了。但是随着计算机性能和网络带宽的不断升级，人们开始在网页上玩游戏、看视频等，HTML4 标准就不能满足需要了，这就迫切需要为 HTML 增加新功能，制定新规范。

　　为了推动 Web 标准化运动的发展，在 2004 年成立了 WHATWG（互联网超文本应用技术工作组）工作组，着手创立 HTML5 规范，同时开始专门针对 Web 应用开发新功能，这让旧的静态网站逐步让位于具有更多特性的动态网站和社交网站成为可能。自此，HTML5 的故事正式开始。

　　为了弥补 HTML4 的诸多不足，解决 Web 浏览器之间的兼容性低、Web 应用程序受限、HTML 文件结构不够明确等问题，HTML5 做了很多改变，例如 HTML5 补充了流媒体和游戏功能。当然，HTML5 能够解决非常实际的问题，也离不开浏览器的实验性反馈和发展。例如，苹果公司大力发展的 Safari 浏览器、Google 公司推出的 Chrome 浏览器等。

　　随着这些主流浏览器的高速发展，为 HTML5 进入移动互联网时代做好了准备。HTML5 作为唯一一个兼容 PC、Mac、iPhone、iPad、Android、Windows 等主流平台的语言，这样的跨平台优势在移动互联网时代被进一步凸显。

1.2　HTML5 文件的基本结构

　　一个 HTML 文件包含一系列元素与标记，其中元素是 HTML 文件的重要组成部分，而 HTML5 用标记来规定元素的属性和它在文件中的位置。本节就来介绍 HTML 文件的标记、元素与基本结构。

1.2.1　认识标记

　　HTML 使用"标记"（markup）来注明文本、图片和其他内容，以便在 Web 浏览器中显示。根据标记使用方法，可以将标记分为单独出现的标记（也称单独标记）和成对出现的标记（也称成对标记）。

1. 单独标记

　　单独标记的格式为<元素名称>或<元素名称/>，其作用是在出现的位置插入元素，例如，
标记就是一个单独出现的标记，它的作用是在该标记所在的位置插入一个换行符。

☆**大牛提醒**☆

　　
标记也可以写成
。

2. 成对标记

　　HTML 中的大多数标记都是成对出现的，开始标记常被称为起始标记（opening tag），也称为首标记；结束标记常被称为闭合标记（closing tag），也称为尾标记。首标记的格式为<元素名称>，尾标记的格式为</元素名称>。语法格式如下：

```
<元素名称>要显示的网页元素</元素名称>
```

成对标记只对包含在其中的元素内容起作用，例如，<title>和</title>标记就是成对出现的标记，用于显示网页标题内容。

☆**大牛提醒**☆

HTML 的标记是不区分大小写的，例如<HTML>、<Html>和<html>，其结果是一样的。

1.2.2　认识元素

通常情况下，HTML 标记和 HTML 元素描述的是同一个意思。但严格来讲，一个 HTML 元素包含了开始标记与结束标记，例如，下面就是一个段落元素：

```
<p>这是一个段落.</p>
```

在 HTML 语法中，在每个由 HTML 标记与文字所形成的元素内，还可以包含另一个元素。因此，整个 HTML 文件就像是一个大元素包含了许多小元素。

在所有 HTML 文件中，最外层的元素由<html>标记建立。在<html>标记所建立的元素中，包含了两个主要的子元素，这两个子元素由<head>标记与<body>标记所建立。<head>标记所建立的元素内容为文件标题，<body>标记所建立的元素内容为文件主体。

1.2.3　HTML 文件结构

一个完整的 HTML 文件的基本结构包括文件开始、文件头、文件标题、文件体、文件结束等内容。下面使用文件编辑器编写一个简单的 HTML 文件，并将其在浏览器上显示。代码如下：

```
<html>
<head>
<title>页面标题</title>
</head>
<body>
<h1>这是一个标题</h1>
<p>这是一个段落.</p>
<p>这是另外一个段落.</p>
</body>
</html>
```

在浏览器中运行文件中的代码，运行结果如图 1-2 所示。从上述代码和运行结果可以看出 HTML 文件的基本结构。

图 1-2　页面效果

<html>标记表示文件开始；<head>与</head>标记之间的部分是 HTML 文件的文件头，用于说明文件的标题，其中<title>与</title>标记之间的内容就是文件的标题内容；<body>与</body>标记之间的部分是 HTML 文件的主体，HTML 中的大部分标记均嵌套在<body>与</body>这对标记中；</html>标记表示文件结束。

1.3 HTML5 的基本标记

HTML 文件最基本的结构主要包括文件类型说明、HTML 文件开始标记、元信息、主体标记和页面注释标记等。下面是一段基于 HTML5 设计准则的代码，可以看出在文件的开始标记<html>前添加了文件类型说明。

```
<!DOCTYPE html>
<html>
<head>
<title>页面标题</title>
</head>
<body>
<h1>这是一个标题</h1>
<p>这是一个段落.</p>
<p>这是另外一个段落.</p>
</body>
</html>
```

1.3.1 文件类型说明

基于 HTML5 设计准则中的"化繁为简"原则，Web 页面的文件类型说明（DOCTYPE）被极大地简化了。

HTML 文件头部的类型说明代码如下：

```
<!DOCTYPE html PUBLIC "-//W3C//DTD XHTML 1.0 Transitional//EN"
"http://www.w3.org/TR/xhtml1/DTD/xhtml1-transitional.dtd">
```

可以看到，这段代码既麻烦，又难记，所以 HTML5 对文件类型进行了简化，简化到 15 个字符就可以表达，代码如下：

```
<!DOCTYPE html>
```

☆**大牛提醒**☆

文件类型说明必须在网页文件的第一行。即使是注释，也不能出现在<!DOCTYPE html>的上面，否则将被视为错误的注释方式。

1.3.2 文件开始标记<html>

<html>标记代表文件的开始，由于 HTML5 语法的松散特性，该标记可以省略，但是为了使之符合 Web 标准并体现文件的完整性，养成良好的编写习惯，这里建议不要省略该标记。

<html>标记以<html>开头，以</html>结尾，文件的所有内容书写在开头和结尾的中间部分。语法格式如下：

```
<html>
...
</html>
```

1.3.3 文件头部标记<head>

头标记<head>用于说明文件头部的相关信息，一般包括标题信息、元信息、定义 CSS 样式和脚本代码等。HTML 的头部信息以<head>开始，以</head>结束，语法格式如下：

```
<head>
```

```
    ...
  </head>
```

<head>元素的作用范围是整篇文件，定义在 HTML 头部的内容往往不会在网页上直接显示。在头标记<head>与</head>之间还可以插入标题标记<title>和元信息标记<meta>等。

1.3.4　文件标题标记<title>

HTML 页面的标题一般是用来说明页面用途的，它显示在浏览器的标题栏中。在 HTML 文件中，标题信息设置在<head>与</head>之间，标题标记以<title>开始，以</title>结束，语法格式如下：

```
  <title>...</title>
```

标记中间的"…"就是标题的内容，它可以帮助用户更好地识别页面。在浏览器中，标题内容作为窗口名称显示在该窗口的最上方，这对浏览器的收藏功能非常有用。如果用户浏览网页时认为某个网页的内容对自己有用，可以在 IE 浏览器中选择"收藏"菜单中的"添加到收藏夹"命令，将该网页保存起来，以方便随时查阅。

1.3.5　元信息标记<meta>

<meta>标记中的内容是用户不可见的，它不显示在页面中，一般用来定义页面信息的名称、关键字、作者等。在 HTML 中，<meta>标记不需要设置结束标记，在一个尖括号内就是一个 meta 内容，而在一个 HTML 头页面中可以有多个 meta 元素。例如，定义文件的字符编码，代码如下：

```
  <meta charset="utf-8">
```

1.3.6　网页主体标记<body>

网页所要显示的内容都放在网页的主体标记内，它是 HTML 文件的重点所在。主体标记以<body>标记开始，以</body>标记结束，它是成对出现的。语法格式如下：

```
  <body>
  ...
  </body>
```

在网页的主体标记中，常用属性设置如表 1-1 所示。

表 1-1　body 元素的属性

属　　性	说　　明
text	设定页面文字的颜色
bgcolor	设定页面背景的颜色
background	设定页面的背景图像
bgproperties	设定页面的背景图像为固定状态，不随页面的滚动而滚动
link	设定页面默认的链接颜色
alink	设定鼠标单击时的链接颜色
vlink	设定访问过后的链接颜色
topmargin	设定页面的上边距
leftmargin	设定页面的左边距

在构建 HTML 结构时，标记不允许交错出现，否则会出现错误。例如下面一段代码，<body>开

始标记出现在\<head\>标记内，这是错误的：

```
<!DOCTYPE html>
<html>
<head>
<title>文件标题</title>
<body>
</head>
</body>
</html>
```

1.3.7 页面注释标记<!-- -->

注释是在 HTML 代码中插入的描述性文本，用来解释该代码或提示其他信息。注释只出现在代码中，浏览器对注释代码不进行解释，并且不在浏览器的页面中显示。在代码中添加注释的语法格式如下：

```
<!--注释的内容-->
```

注释文字的标记很简单，只需要在语法中"注释的内容"的位置处添加需要的内容。

在 HTML 源代码中适当插入注释语句是一种非常好的习惯，对于设计者日后的代码修改、维护工作很有帮助；另外，如果将代码交给其他设计者，其他人也能根据注释很快读懂代码。

1.4 编写我的第一个 HTML 文件

有两种方式生成 HTML 文件：一种是完全自己编写 HTML 文件，根据语法规则编写即可，不需要特别的技巧；另一种是使用 HTML 编辑器 WebStorm，它可以辅助用户完成编写工作。

1.4.1 使用"记事本"编写

HTML 文件的扩展名为.html 或.htm，将 HTML 源代码输入"记事本"并保存后，可以在浏览器中打开文档以查看其效果，具体操作步骤如下。

步骤 1：单击 Windows 桌面左下角的"开始"按钮，执行"所有程序"＞"附件"＞"记事本"命令，打开一个"记事本"，在其中输入 HTML 代码，如图 1-3 所示。

步骤 2：编写完 HTML 文件后，执行"文件"＞"保存"命令，或按 Ctrl+S 快捷键，在弹出的"另存为"对话框中设置"文件名"为"使用记事本编写.html"，然后单击"保存"按钮，即可保存文件，如图 1-4 所示。

图 1-3 输入 HTML 代码

图 1-4 保存文件

步骤 3：打开网页文档，运行结果如图 1-5 所示。

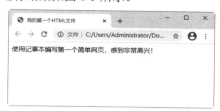

图 1-5　网页的浏览效果

1.4.2　使用 WebStorm 工具编写

　　WebStorm 是一款前端页面开发工具。该工具的主要优势是具有智能提示、智能补齐代码、代码格式化显示、联想查询和代码调试等功能。对于初学者而言，WebStorm 不仅功能强大，而且非常容易上手操作，被广大前端开发者誉为 Web 前端开发 "神器"。

　　下面以 WebStorm 2020 英文版为例进行讲解。首先打开浏览器，输入 WebStorm 官网下载页面的网址，打开 WebStorm 官网下载页面，如图 1-6 所示，单击 Download 按钮，即可开始下载 WebStorm安装程序。

图 1-6　WebStorm 官网下载页面

1. 安装 WebStorm 2020

　　下载完成后，即可进行 WebStorm 2020 的安装，具体操作步骤如下。

　　步骤 1：双击下载的安装文件，进入安装 WebStorm 的欢迎界面，如图 1-7 所示。单击 Next 按钮，开始安装文件。

　　步骤 2：在选择安装路径窗口，单击 Browse 按钮，即可设置文件的安装路径。这里采用默认的安装路径，单击 Next 按钮，如图 1-8 所示。

图 1-7　安装 WebStorm 的欢迎界面

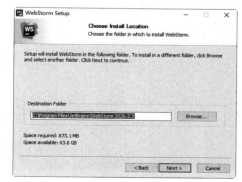

图 1-8　选择安装路径

步骤 3：进入选择安装选项窗口，勾选相应的复选框，单击 Next 按钮，如图 1-9 所示。

步骤 4：进入选择开始菜单文件夹窗口，默认为 JetBrains，单击 Install 按钮，如图 1-10 所示。

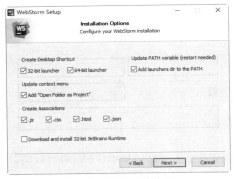

图 1-9　选择安装选项

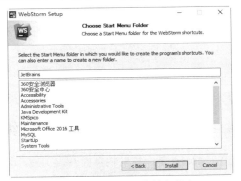

图 1-10　选择开始菜单文件夹

步骤 5：开始安装软件并显示安装的进度，如图 1-11 所示。

步骤 6：安装完成后自动跳转到安装完成界面，单击 Finish 按钮，如图 1-12 所示，完成安装操作。

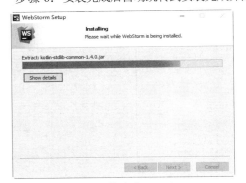

图 1-11　开始安装 WebStorm

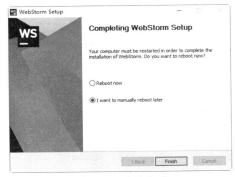

图 1-12　安装完成

2. 创建和运行 HTML 文件

步骤 1：单击 Windows 桌面左下角的"开始"按钮，执行"所有程序">WebStrom 2020 命令，进入 WebStrom 欢迎界面，单击 New Project 按钮，如图 1-13 所示。

步骤 2：打开 New Project 对话框，在 Location 文本框中输入工程存放的路径，也可以单击 按钮选择路径，然后单击 Create 按钮，如图 1-14 所示。

图 1-13　进入 WebStorm 欢迎界面

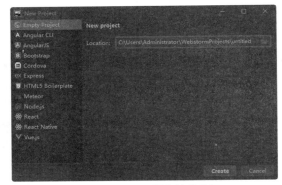

图 1-14　设置工程存放的路径

步骤 3：进入 WebStorm 主界面，执行 File>Settings 命令，如图 1-15 所示。

步骤 4：打开 Settings 对话框，在其中设置 Scheme 样式为 Intellij Light，单击 OK 按钮，如图 1-16 所示。

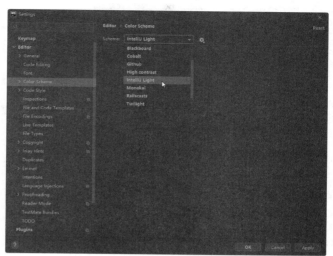

图 1-15　选择 Settings 命令

图 1-16　选择界面主题样式

步骤 5：弹出一个信息提示框，如图 1-17 所示，单击 Yes 按钮，即可完成 WebStorm 主题样式的更改，如图 1-18 所示。

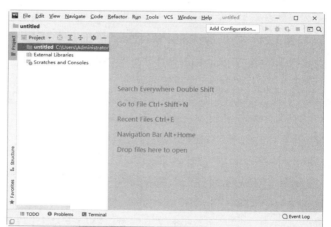

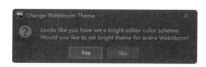

图 1-17　信息提示框

图 1-18　更改主题样式

步骤 6：执行 File>New>HTML File 命令，如图 1-19 所示。

步骤 7：在打开的 New HTML File 对话框中输入文件名称为 index.html，选择文件类型为 HTML 5 file，如图 1-20 所示。

步骤 8：按 Enter 键即可查看新建的 HTML5 文件，接着就可以编辑 HTML5 文件了。这里在 <body> 标记中输入"使用 WebStorm 工具制作网页好方便啊！"文本，如图 1-21 所示。

步骤 9：编辑完代码后，执行 File>Save As…命令，打开 Copy 对话框，可以保存文件，或者另存为一个文件，还可以选择保存路径，设置完成后单击 OK 按钮，如图 1-22 所示。

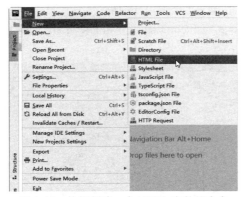

图 1-19　执行创建一个 HTML 文件的命令

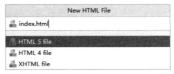

图 1-20　输入文件名称并选择文件类型

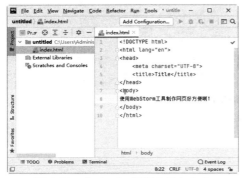

图 1-21　在<body>标记中输入文本

图 1-22　保存文件

步骤 10：执行 Run>Run 命令，即可在浏览器中运行代码，如图 1-23 所示。

图 1-23　文件的显示结果

1.5　新手疑难问题解答

问题 1： 在编写代码时，为什么不要忘记添加结束标记？

解答： 在编写代码时，如果忘记写结束标记，大多数浏览器也会正确显示 HTML 文件的内容，这是因为 HTML 中的结束标记是可选的。但是不要依赖这种做法，因为忘记使用结束标记会产生不可预料的结果或错误。

问题 2： 与早期版本相比，HTML5 语法有哪些变化？

解答： 为了兼容各种不统一的页面代码，HTML5 在语法方面做了以下变化。

（1）标记不再区分大小写。

标记不再区分大小写是 HTML5 语法变化的重要体现。例如以下代码：

```
<P>大小写标签</p>
```

虽然这里"<P>大小写标签</p>"中开始标记与结束标记的大小写不匹配，但是也符合 HTML5 的规范。

（2）允许属性值不使用引号。

在 HTML5 中，属性值不放在引号中也是正确的。例如以下代码：

```
<input checked="a" type="checkbox"/>
```

上述代码片段与下面的代码片段结果是一样的：

```
<input checked=a type=checkbox/>
```

尽管在 HTML5 中允许属性值不使用引号，但是仍然建议加上引号。因为如果某个属性的属性值中包含空格等容易引起混淆的属性值，可能会引起浏览器的误解。例如以下代码：

```
<img src=mm images/01.jpg />
```

此时浏览器会误以为 src 属性的值就是 mm，这样就无法解析路径中的 01.jpg 图片了。如果想正确解析图片的位置，只有添加引号才能实现。

1.6　实战训练

实战 1：在网页中显示一首古诗。

编写 HTML 代码，制作一个显示古诗的网页，运行结果如图 1-24 所示。

实战 2：制作某公司的"关于我们"页面。

综合运用网页文本设计方法，制作某公司的"关于我们"页面，运行结果如图 1-25 所示。

图 1-24　古诗网页的预览效果

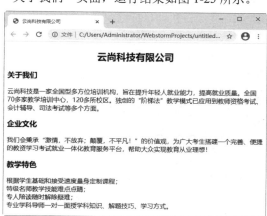

图 1-25　"关于我们"页面预览效果

第2章

网页中的文本

在网页制作的过程中，文本是最基本，也是最重要的元素。设计优秀的网页文本，不仅可以让网页内容看起来更有层次感，而且可以给用户带来愉悦的视觉体验。本章就来介绍网页文本的设计。

2.1 设置标题格式

标题是对一段文字内容的概括与总结。在网页设计中，标题具有非常重要的作用，而且如果对同样的标题内容使用不同的设计方式，显示效果也会不同。

2.1.1 标题标记

HTML 中的标题标记有 6 个，分别是<h1>、<h2>、<h3>、<h4>、<h5>和<h6>。它们的主要区别就是文字大小，从<h1>标记到<h6>标记文字字号依次变小。<h1>代表 1 级标题，级别最高，文字字号也最大；<h6>级别最低，文字字号最小。

一般情况下，<h1>标记用来表示网页中最上层的标题。而有些浏览器会默认把<h1>标记为非常大的字体，所以在实际应用中往往使用<h2>标记代替<h1>标记显示最上层的标题内容。标题标记的语法格式如下：

```
<h1>这里是 1 级标题</h1>
<h2>这里是 2 级标题</h2>
<h3>这里是 3 级标题</h3>
<h4>这里是 4 级标题</h4>
<h5>这里是 5 级标题</h5>
<h6>这里是 6 级标题</h6>
```

【例 2-1】巧用标题标记，发布一则天气预报（源代码\ch02\2.1.html）。

本实例巧用<h1>标记、<h4>标记、<h5>标记来发布一则天气预报，并查看其页面效果。其中天气预报标题放到<h1>标记中，发布时间、发布者等信息放到<h5>标记中，天气预报内容放到<h4>标记中。

```
<!DOCTYPE html>
<html>
<head>
    <!--指定页面编码格式-->
    <meta charset="UTF-8">
    <!--指定页头信息-->
    <title>天气预报</title>
</head>
<body>
```

```
<!--表示文章标题-->
<h1>天气预报</h1>
<!--表示相关发布信息-->
<h5>发布时间：06:20 02/21 | 发布者：气象局 | 阅读数：150 次</h5>
<h4>22 日至 23 日，华北、东北地区、黄淮、江淮等地气温将下降 4～8℃，部分地区降温可达 10℃以上，东北地
区南部、华北中东部、黄淮东北部等局地日最高气温降幅可达 15℃以上，上述地区并有 4～6 级偏北风.</h4>
</body>
</html>
```

运行结果如图 2-1 所示。

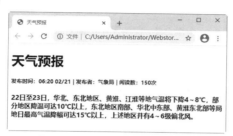

图 2-1　天气预报页面显示效果

2.1.2　标题对齐方式

默认情况下，网页中的标题是左对齐的。而在网页制作的过程中，常需要设置标题文字的对齐方式。通过为标题标记添加 align 属性，即可实现对标题对齐方式的设置。其语法格式如下：

```
<h1 align="对齐方式">文本内容</h1>
```

这里的对齐方式包括 left（左对齐）、center（居中对齐）和 right（右对齐）。需要注意的是，对齐方式上一定要添加双引号。

【例 2-2】通过设置标题等的对齐方式，实现古诗混排效果（源代码\ch02\2.2.html）。

本实例通过<body background="jiangxue.jpg">定义网页背景图片，通过 align="center"实现标题的居中效果，通过 align="right"实现作者信息的右对齐效果。

```
<!DOCTYPE html>
<html>
<head>
    <!--指定页面编码格式-->
    <meta charset="UTF-8">
    <!--指定页头信息-->
    <title>古诗混排</title>
</head>
<!--显示古诗背景图-->
<body background="jiangxue.jpg">
<!--显示古诗名称-->
<h3 align="center">《江雪》</h3>
<!--显示作者信息-->
<h5 align="right">唐代：柳宗元</h5>
<!--显示古诗内容-->
<h4 align="center">千山鸟飞绝，</h4>
<h4 align="center">万径人踪灭.</h4>
<h4 align="center">孤舟蓑笠翁，</h4>
<h4 align="center">独钓寒江雪.</h4>
</body>
</html>
```

运行结果如图 2-2 所示。

图 2-2 古诗混排页面效果

2.2 设置文字格式

在网页中，除了标题文字外，还有很多普通文字，这些文字可以直接输入\<body\>标记和\</body\>标记之间，而多种多样的文字格式与装饰效果能让网页浏览者眼前一亮，从而留下深刻记忆。

2.2.1 文字的字体、大小和颜色

font-family 属性用于指定文字的字体类型，如宋体、黑体、隶书、Times New Roman 等。在网页代码中，通过设置该属性的属性值可以展现不同的字体样式。其语法格式如下：

```
style="font-family:黑体"
```

font-size 属性用于设置文字的大小。其语法格式如下：

```
Style="font-size:数值| inherit | xx-small | x-small | small | medium | large | x-large
| xx-large | larger | smaller | length"
```

上述代码中可以通过数值来定义字体大小，例如用 font-size:10px 定义字体大小为 10 像素。此外，也可以通过 medium 等参数定义字体的大小，这些参数的含义如表 2-1 所示。

表 2-1 设置字体大小的参数

参　数	说　明
xx-small	最小。绝对字体尺寸，可根据对象字体进行调整
x-small	较小。绝对字体尺寸，可根据对象字体进行调整
small	小。绝对字体尺寸，可根据对象字体进行调整
medium	正常（默认值）。绝对字体尺寸，可根据对象字体进行调整
large	大。绝对字体尺寸，可根据对象字体进行调整
x-large	较大。绝对字体尺寸，可根据对象字体进行调整
xx-large	最大。绝对字体尺寸，可根据对象字体进行调整
larger	相对字体尺寸，可相对于父对象中字体尺寸进行相应增大
smaller	相对字体尺寸，可相对于父对象中字体尺寸进行相应减小
length	百分数或由浮点数字和单位标识符组成的长度值，不可为负值。其百分比取值基于父对象中字体的尺寸

color 属性用于设置颜色，其语法格式如下：

```
style="color:颜色属性值"
```

颜色属性值通常采用的设定方式如表 2-2 所示。

表 2-2　设置颜色属性值的参数

属 性 值	说 明
color_name	规定颜色值为颜色名称的颜色（例如 red）
hex_number	规定颜色值为十六进制值的颜色（例如#ff0000）
rgb_number	规定颜色值为 RGB 代码的颜色（例如 rgb(255,0,0)）
inherit	规定从父元素继承颜色
hsl_number	规定颜色值为 HSL 代码的颜色（例如 hsl(0,75%,50%)），此为新增加的颜色表现方式
hsla_number	规定颜色值为 HSLA 代码的颜色（例如 hsla(120,50%,50%,1)），此为新增加的颜色表现方式
rgba_number	规定颜色值为 RGBA 代码的颜色（例如 rgba(125,10,45,0.5)），此为新增加的颜色表现方式

【例 2-3】使用文字描述商品信息（源代码\ch02\2.3.html）。

本实例通过<img src="goods.jpg">来添加商品图片，通过设置段落的 style 属性值定义文字的字体样式、字号和颜色。

```
<!DOCTYPE html>
<html>
<head>
<!--指定页头信息-->
<title>字体、字号与颜色</title>
</head>
<body >
<!--显示商品图片,并居中显示-->
<h1 align=center><img src="goods.jpg"></h1>
<!--显示商品的名称,文字的字体为黑体,大小为18-->
<p style="font-family:黑体;font-size:18pt">商品名称：紫薯面包</p>
<!--显示商品的口味,文字的字体为宋体,大小为15像素-->
<p style="font-family:宋体;font-size:15pt">口味：紫薯夹心面包</p>
<!--显示销售方式信息,文字的字体为隶书-->
<p style="font-family:隶书;font-size:15pt">销售方式：整箱包装销售</p>
<!--显示商品的价格,文字的颜色为红色-->
<p style="color:red">促销价：¥17.80</p>
</body>
</html>
```

运行结果如图 2-3 所示。

图 2-3　用文字描述商品信息的显示效果

2.2.2 文字的斜体、下画线和删除线

在浏览网页时，常常会看到一些特殊效果的文字，如斜体字、带下画线的文字、带删除线的文字等。通过 HTML 标记可以实现这些特殊的文字效果。其语法格式如下：

```
<em>以斜体方式显示文字</em>
<u>以下画线方式显示文字</u>
<strike>以带删除线方式显示文字</strike>
```

另外，斜体字还可以使用<I>标记或<cite>标记实现。

【例 2-4】使用文字装饰显示商品信息（源代码\ch02\2.4.html）。

本实例使用<em>标记添加斜体文字、使用<u>标记添加文字下画线、使用<strike>标记添加文字删除线，还可以为商品描述信息添加更多的文字效果。

```
<!DOCTYPE html>
<html>
<head>
    <!--指定页面编码格式-->
    <meta charset="UTF-8">
    <!--指定页头信息-->
    <title>斜体、下画线、删除线</title>
</head>
<body>
<!--显示商品图片-->
<img src="tushu.jpg" width="200"/><br>
<!--显示图书名称,书名文字用斜体效果-->
书名：<em>《Python 入门很轻松》</em><br>
<!--显示图书作者-->
作者：云尚科技<br>
<!--显示出版社-->
出版社：清华大学出版社<br>
<!--显示出版时间,文字用下画线效果-->
出版时间：<u>2020 年 7 月</u><br>
<!--显示页数-->
页数：320 页<br>
<!--显示图书价格,文字使用删除线效果-->
原价：<strike>79.80</strike>元 促销价格：54.60 元<br>
</body>
</html>
```

运行结果如图 2-4 所示，可以发现已实现了文字的斜体、下画线和删除线效果显示。

图 2-4　文字的斜体、下画线和删除线效果显示

2.2.3　公式的上标和下标

公式的上标和下标可以分别通过<sup>标记和<sub>标记实现。需要特别注意的是，<sup>标记和<sub>标记都是成对标记，放在开始标记和结束标记之间的文本会分别以上标或下标形式出现。

【例 2-5】公式的上标和下标效果（源代码\ch02\2.5.html）。

本实例将通过<sup>标记输出勾股定理表达式，通过<sub>标记输出一个化学方程式，以实现上标和下标显示效果。

```
<!DOCTYPE html>
<html>
<head>
<title>上标与下标效果</title>
</head>
<body>
<!--显示上标效果-->
<p>勾股定理表达式：a²+b²=c²</p>
<p>上标显示勾股定理：a<sup>2</sup>+b<sup>2</sup>=c<sup>2</sup></p>
<!--显示下标效果-->
<p>下标显示铁在氧气中燃烧：3Fe+2O<sub>2</sub>=Fe<sub>3</sub>O<sub>4</sub></p>
</body>
</html>
```

运行结果如图 2-5 所示，分别实现了上标和下标效果。

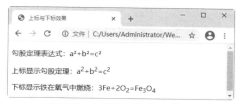

图 2-5　上标和下标显示效果

2.3　设置段落格式

在实际的文本编辑中，一段文字输入完，按 Enter 键就能生成一个段落。在网页中，如果想将文字按段合理地显示出来，则可以使用段落标记<p>来实现。

2.3.1　段落标记

在 HTML5 网页文件中，段落效果是通过<p>标记来实现的。具体语法格式如下：

```
<p>段落文字</p>
```

段落标记是成对标记，在<p>开始标记和</p>结束标记之间的内容形成一个段落，段落中的文本会自动换行。

☆**大牛提醒**☆

如果省略段落标记的结束标记，从<p>标记开始，直到遇见下一个段落标记之前的文本，将都在一个段落内。

【例 2-6】使用段落标记创意显示公司简介（源代码\ch02\2.6.html）。

本实例通过<p>标记输出公司简介相关内容，并添加空格符（ ）实现段落的首行缩进效果。

```
<!DOCTYPE html>
<html>
<head>
<title>云尚科技有限公司</title>
</head>
<body>
<p>=================云尚科技有限公司====================</p>
<p>     云尚科技是一家全国型多方位培训机构,旨在提升年轻人就业能力,
提高就业质</p>
<p>量.全国 70 多家教学培训中心,120 多所校区.独创的"阶梯法"教学模式已应用到</p>
<p>教师资格考试、会计辅导、司法考试等方面.在未来,云尚科技将涉及英语职业</p>
<p>培训、工程考试学习等方面,并开放"阶梯法"学习的教研模式与方法,以帮助更</p>
<p>多相关学习者.</p>
<p>==================微信公众号：云尚科技=================</p>
</body>
</html>
```

运行结果如图 2-6 所示。

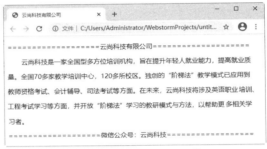

图 2-6   使用段落标记显示效果

2.3.2   段落换行标记

在 HTML5 文件中，换行标记为
。该标记是一个单标记，它没有结束标记，作用是将文字在一个段内强制换行。一个
标记代表一个换行，连续的多个标记可以实现多次换行。

【例 2-7】巧用换行标记
，实现宋词的排版换行（源代码\ch02\2.7.html）。

本实例通过添加多个
标记进行强制换行，以实现宋词的居中排版效果。

```
<!DOCTYPE html>
<html>
<head>
<title>段落换行标记</title>
</head>
<body>
<p align="center">《水调歌头·明月几时有》<br/>
宋·苏轼<br/>
明月几时有？把酒问青天.<br/>
不知天上宫阙,今夕是何年?<br/>
我欲乘风归去,又恐琼楼玉宇,高处不胜寒.<br/>
起舞弄清影,何似在人间？<br/>
转朱阁,低绮户,照无眠.<br/>
不应有恨,何事长向别时圆?<br/>
人有悲欢离合,月有阴晴圆缺,此事古难全.<br/>
但愿人长久,千里共婵娟.
</body>
</html>
```

运行结果如图 2-7 所示，实现了换行效果。

图 2-7　使用换行标记显示效果

2.3.3　段落原格式标记

在网页排版中，对于类似空格和换行符等特殊的排版效果，通过使用原格式标记比较容易实现。原格式标记<pre>的语法格式如下：

```
<pre>
网页内容
</pre>
```

【例 2-8】巧用原格式标记输出"新春快乐"文字（源代码\ch02\2.8.html）。
本实例通过添加原格式标记<pre>，对空格、换行符等特殊符号进行排版，以实现特殊效果。

```
<!DOCTYPE html>
<html>
<head>
    <!--指定页面编码格式-->
    <meta charset="UTF-8">
    <!--指定页头信息-->
    <title>原格式标记</title>
</head>
<body>
<!--表示文章标题-->
<h1 align="center">☆新春快乐☆</h1>
<pre style="font-size:18pt">

    ♯＝§＝＝＝＝＝§＝＝＝＝＝§＝＝＝＝＝§＝♯
        ↓            ↓            ↓            ↓
      ☆★☆        ☆★☆        ☆★☆        ☆★☆
    ☆  新  ☆    ☆  春  ☆    ☆  快  ☆    ☆  乐  ☆
      ☆★☆        ☆★☆        ☆★☆        ☆★☆
        ↓            ↓            ↓            ↓
        ※            ※            ※            ※
</pre>
</body>
</html>
```

运行结果如图 2-8 所示。

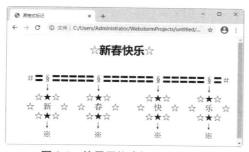

图 2-8　使用原格式标记显示效果

2.4   网页的水平线

水平线用于段落与段落之间的分隔，可以使文档的结构更加清晰。在网页文档中合理使用水平线，可以获得非常好的页面装饰效果。

2.4.1   添加水平线

使用<hr>标记可以在 HTML 页面中创建一条水平线。<hr>标记没有结束标记，它是一个单标记。

【例 2-9】巧用水平线，输出商品报价信息（源代码\ch02\2.9.html）。

本实例通过添加水平线，对段落文本进行排版，实现简单的表格效果。

```
<!DOCTYPE html>
<html>
<head>
<title>添加水平线</title>
</head>
<body>
<h2 align="center">5 月份商品报价表</h2>
<!--绘制水平线,实现表格效果-->
<hr>
<p align="center">冰箱: 6889 元</p>
<hr>
<p align="center">洗衣机: 3668 元</p>
<hr>
<p align="center">空调: 8990 元</p>
<hr>
<p align="center">电视机: 5890 元</p>
</body>
</html>
```

运行结果如图 2-9 所示。

图 2-9   添加水平线显示效果

2.4.2   设置水平线的样式

对于添加的水平线，还可以设置它的高度、宽度、颜色、对齐方式等样式。在 HTML5 中，使用 width 属性指定水平线的宽度，以像素计或百分比计；使用 size 属性指定水平线的高度，以像素计。

【例 2-10】设置水平线的样式（源代码\ch02\2.10.html）。

本实例通过修改水平线的 size 属性和 width 属性，以实现不同效果的水平线。其中一条水平线的高度为 10 像素，另一条水平线的宽度为 400 像素，并且靠右对齐，还有一条水平线是红色的。

```
<!DOCTYPE html>
<html>
<head>
<title>设置水平线样式</title>
</head>
<body>
<p>颜色为红色的水平线</p>
<hr color="red">
<p>高度为 10 像素的水平线</p>
<hr size="10" >
<p>宽度为 400 像素并且靠右的水平线</p>
<hr width="400"  align="right">
</body>
</html>
```

运行结果如图 2-10 所示。

图 2-10　设置水平线的样式显示效果

2.5　新手疑难问题解答

问题 1：换行标记
、
和
（带有空格）有什么区别？

解答：
是 HTML 写法，也是 XML 写法。
是 XHTML 为兼容 HTML 的写法，也是 XML 的写法。HTML5 因为兼容 XHTML，所以三种写法都可以使用。

问题 2：HTML 中有<font>标记，那么可以使用这个标记设置文字的字体与颜色吗？

解答：理论上可以使用<font>标记设置文字的字体与颜色，但在实际应用中，不推荐使用这个标记设置文字的字体与颜色。这是因为现在有了更好的方法，就是使用 CSS 层叠样式表来控制文字的样式，CSS 层叠样式表的编码量很少，且扩展性好。

2.6　实战训练

实战 1：学习编写一个留言条。

编写一个包含各种对齐方式的留言条页面，如 left（左对齐）、center（居中对齐）、right（右对齐），运行结果如图 2-11 所示。

实战 2：巧用标记模拟博客样式页面效果。

使用<h1>标记、<h4>标记、<h5>标记模拟博客样式发布文章，运行结果如图 2-12 所示。

图 2-11　文字的各种对齐显示效果

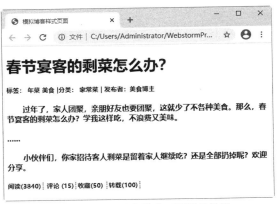

图 2-12　模拟博客样式页面显示效果

实战 3：设计教育类页面效果。

综合运用网页文本的设计方法，制作教育网的文本页面，运行结果如图 2-13 所示。

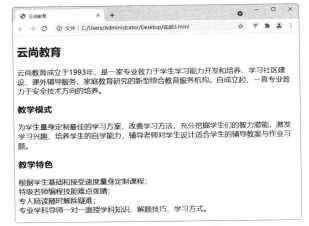

图 2-13　设计教育类页面效果

第3章

图像和超链接

在制作网页时，用户可以在网页中放入喜欢的图像，也可以放入一些标志性图像，如 Logo，还可以把图像作为按钮链接到另一个网页，使得网页变得丰富多彩。另外，网页中的超链接也是必不可少的，使用超链接可以将一个网页与另一个网页串联起来，这样才能构成一个真正的网站。本章就来介绍网页中的图像与超链接。

3.1 添加图像

图像是网页中不可缺少的元素，巧妙地在网页中使用图像可以为网页增色不少，网页也支持多种图像格式。

3.1.1 了解图像格式

现在的网页越来越丰富多彩，这是因为在网页中添加了各种各样的图像，对网页进行了美化。目前网页中使用最广泛的图像格式以 GIF 和 JPEG 为主，另外，PNG 格式的图像文件也越来越多地被应用于网页制作中。

1. GIF 格式

GIF 格式采用 LZH 压缩技术，该技术以压缩相同颜色的色块来缩减图像的大小。由于 LZH 压缩技术不会造成图像品质上的损失，而且压缩效率高，再加上 GIF 格式在各种平台上都可以使用，所以它成为网页中使用最早、应用最广泛的图像格式。

由于 GIF 格式只能处理 256 色的图像，所以它比较适合于商标、新闻式的标题或其他小于 256 色的图像。另外，在 GIF 图像中可以指定透明区域，使图像具有非同一般的显示效果。

☆大牛提醒☆

LZH 压缩技术是一种能将数据中重复的字符串加以编码制作成数据流的一种压缩方法，通常应用于 GIF 图像文件格式。

2. JPEG 格式

JPEG 格式是目前 Internet 中最受欢迎的图像格式，它可以支持多达 16M 的颜色，能展现十分丰富生动的图像，还能压缩。但其压缩方式是以损失图像数据为代价的，压缩比越高，图像数据损失越大，图像文件也就越小。不过这种图像数据的"损失"是剔除了一些视觉上不容易觉察的部分，如果剔除适当，就不会影响图像在网页中的使用。

注意：JPEG 是一种不支持透明和动画的图片格式，但其色彩模式比较丰富，能最大程度地美化和丰富网页内容。

3. PNG 格式

PNG 图像格式是一种非破坏性的网页图像文件格式，它提供了将图像文件以最小的方式压缩却不造成图像失真的技术。PNG 图像格式兼有 GIF 和 JPEG 的色彩模式、网络传输速度快、支持透明图像制作等特点，近年来在网页制作中也很流行。

3.1.2　图像中的路径

网页中的图像是嵌入式的，HTML 文档只能记录图像文件的路径，图像能否正确显示，路径至关重要。路径的作用是定位一个文件的位置，以当前文档为参照物表示文件的位置，称为相对路径；以根目录为参照物表示文件的位置，称为绝对路径。

为了方便理解绝对路径和相对路径，这里给出一个目录结构，如图 3-1 所示。

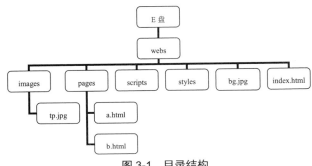

图 3-1　目录结构

1. 绝对路径

例如，在 E 盘的 webs 目录下的 images 下有一个 tp.jpg 图像文件，那么它的路径就是 E:\webs\images\tp.jpg，像这种完整地描述文件位置的路径就是绝对路径。如果将图像文件 tp.jpg 插入网页 index.html，绝对路径的表示方法如下：

```
E:\webs\images\tp.jpg
```

如果使用了绝对路径 E:\webs\images\tp.jpg 进行图像链接，在本地计算机中将正常显示图像，因为在 E:\webs\images 下的确存在 tp.jpg 图像文件。如果将文档上传到网站服务器，图像就有可能不能正常显示了，因为服务器给用户划分的存放空间可能在 E 盘其他目录中，也可能在 D 盘其他目录中。为了保证图像正常显示，必须从 webs 文件夹开始，放到服务器或其他计算机的 E 盘根目录下。

2. 相对路径

相对路径是以当前位置为参考点，自己相对于目标的位置。相对路径的使用方法如下：

（1）如果要引用的图像位于该文件的同一目录下，则只需输入要链接的图像名称即可。例如在 index.html 中链接 bg.jpg，使用相对路径表示如下：

```
bg.jpg
```

（2）如果要引用的图像位于该文件的下一级目录中，只需先输入目录名，然后加上"/"，再加上图像名称即可。例如在 index.html 中链接 tp.jpg，使用相对路径表示如下：

```
images/tp.jpg
```

（3）如果要引用的图像位于该文件的上一级目录中，则需要先输入"../"，再输入目录名、图像名称。例如在 a.html 中链接 tp.jpg，使用相对路径表示如下：

```
../images/tp.jpg
```

使用相对路径，不论将这些文件放到哪里，只要图像和文件的相对关系没有变，就不会出错。在相对路径中，".."表示上一级目录，"../.."表示上级的上级目录，以此类推。

☆**大牛提醒**☆

路径分隔符中使用了"\"和"/"两种，其中"\"表示本地分隔符，"/"表示网络分隔符。因为网站制作好后肯定是在网络上运行的，因此要求使用"/"作为路径分隔符。

3.1.3　插入图像

使用<img>标记可以在网页中插入图像。<img>标记是单标记，语法格式如下：

```
<img src="图片路径">
```

其中 src 属性用于指定图像文件的路径，图像的路径可以是绝对路径，也可以是相对路径，它是<img>标记必不可少的属性。

【例 3-1】我的"小学"作业，看图写话（源代码\ch03\3.1.html）。

本实例通过<img>标记添加一个图像，然后分别使用<h2>标记和<p>标记添加看图写话的标题和内容。

```
<!DOCTYPE html>
<html >
<head>
<title>插入图片</title>
</head>
<body>
<img src="images/zhishu.jpg">
<!--插入图像-->
<h2 align="center">植树节</h2>
<p>        春回大地,万物复苏,又到了一年一度的植树节.这天,天气
晴朗,阳光明媚,小鸟也早早地梳洗完毕,飞上枝头欢快地歌唱.小红、小军和小莉扛着树苗,拿着铁锹,提着水桶相约去
公园植树,他们也要为绿化、保护环境出一份力.</p>
<p>        来到土坡上,小军鼓足了劲开始挖土坑,一会儿的工夫,圆圆
的土坑挖好了,小红扛来小树苗,小心翼翼地放进土坑,紧紧地扶着树苗生怕它倒下,小军认真地用铁锹培土、拍实,小
莉提来了一桶水,慢慢地给小树苗浇水.喝饱水的小树苗笔直地站在了土坡上,看着自己亲手栽种的小树苗像个骄傲的
小战士立在那里,他们露出了幸福灿烂的微笑.</p>
</body>
</html>
```

运行结果如图 3-2 所示。

图 3-2　在网页中插入图像的显示效果

除了可以在本地插入图片以外，还可以插入网络资源上的图片，例如插入百度图库中的图片，插入代码如下：

```
<img src="http://www.baidu.com/img/图片名称.jpg"/>
```

3.2 设置图像属性

对于插入网页中的图像，用户还可以根据实际需要设置图像的大小、边框、间距、对齐方式和替换文本等。

3.2.1 图像的大小与边框

如果在网页中直接插入图像，图像的大小与原始图像一样，而且没有边框。但在实际应用中，往往需要对图像大小进行设置并添加边框等，使其更美观。

1. 设置图像大小

在<img>标记中，可以通过 width（宽度）属性和 height（高度）属性来设置图像显示的宽度与高度。语法格式如下：

```
<img src="图像的地址" width="宽度值" height="高度值">
```

这里的"高度值"和"宽度值"的单位为像素，可以省略不写。如果只设置了宽度或者高度，则另一个参数会按照相同的比例自动进行调整。如果同时设置了宽度和高度，且缩放比例不同的情况下，图像可能会变形。

2. 添加图像边框

默认情况下，插入的图像没有边框，可以通过 border 属性为图像添加边框。语法格式如下：

```
<img src="图像的地址" border="边框大小值">
```

这里的"边框大小值"的单位为像素。

【例 3-2】以不同大小的图像来展示商品，并给图像添加边框（源代码\ch03\3.2.html）。

本实例通过<img>标记在网页中添加商品图像，然后使用高度属性值、宽度属性值全面展示商品图像。

```
<!DOCTYPE html>
<html>
<head>
<title>展示商品</title>
</head>
<body>
<img src="images/01.jpg" width="300">
<br />
<img src="images/02.jpg" height="120">
<img src="images/01.jpg" width="120" border="3">
<img src="images/03.jpg" width="120" height="120">
<img src="images/04.jpg" width="120" height="120">
<img src="images/05.jpg" width="120" height="120">
</body>
</html>
```

运行结果如图 3-3 所示。

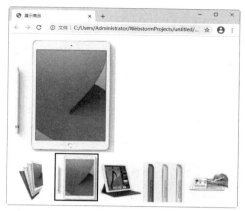

图 3-3　设置图像的大小与边框的显示效果

3.2.2　图像间距和对齐方式

使用 HTML 中的标记属性可以调整图像在页面中的间距与对齐方式，从而改变图像的位置，使页面看出起来更加整齐和协调。

1. 设置图像的间距

在设计网页的图文混排时，如果不使用
标记或<p>标记进行换行显示，添加的图片会紧跟在文字后面，这样会使文字和图像显得很拥挤。如果想调整图片与文字的距离，可以通过设置 hspace 属性和 vspace 属性来实现，其语法格式如下：

```
<img src="图像的地址" hspace="水平间距值" vspace="垂直间距值">
```

"水平间距值"和"垂直间距值"的单位是像素，可以省略。

2. 设置图像的对齐方式

图像和文字之间的排列通过 align 参数来调整。对齐方式分为两种：绝对对齐方式和相对文字对齐方式。其中绝对对齐方式包括左对齐、右对齐和居中对齐，相对文字对齐方式则指图像与一行文字的相对位置。其语法格式如下：

```
<img src="图像的地址" align="相对文字的对齐方式">
```

语法格式中，align 的取值如表 3-1 所示。

表 3-1　图像相对文字的对齐方式

align 的取值	含　义
top	将图像与顶部对齐
bottom	将图像与底部对齐，默认对齐方式
middle	将图像与中央对齐
left	将图像对齐到左边
right	将图像对齐到右边

【例 3-3】模拟购物网站中"好物推荐"模块（源代码\ch03\3.3.html）。

本实例通过<img>标记在网页中添加商品图像，然后通过设置图像的间距、对齐方式来模拟购物网站中"好物推荐"模块。

```html
<!doctype html>
<html>
<head>
<title>模拟购物网站模块</title>
</head>
<body>
<h3>好物推荐：</h3>
<hr size="2" color="red" />
<!--在插入的两行图片中,设置图片的对齐方式为middle-->
好物推荐1: <img src="images/h01.jpg" border="1" align="middle"/>
            <img src="images/h02.jpg" border="1" align="middle"/>
            <img src="images/h03.jpg" border="1" align="middle"/>
            <img src="images/h04.jpg" border="1" align="middle"/>
<br /><br />
好物推荐2: <img src="images/c01.jpg" border="1" align="middle"/>
            <img src="images/c02.jpg" border="1" align="middle"/>
            <img src="images/c03.jpg" border="1" align="middle"/>
            <img src="images/c04.jpg" border="1" align="middle"/>
</body>
</html>
```

运行结果如图 3-4 所示。

图 3-4　模拟购物网站模块显示效果

3.2.3　替换文本与提示文字

对于添加的图像，用户还可以为其添加替换文本和提示文字。为图像添加提示信息，可以方便搜索引擎检索，因为在百度、Google 等搜索引擎中，搜索图片没有搜索文字方便。

通过 title 属性可以为图像添加提示文字，其语法格式如下：

```html
<img src="图像的地址" title="图像提示文字">
```

当浏览网页时，如果图像下载完成，将鼠标指针放在该图像上，鼠标指针旁边会显示添加的提示文字。也就是说，提示文字在光标悬停在图像上时显示。

通过 alt 属性可以为图像添加替换文本，其语法格式如下：

```html
<img src="图像的地址" alt="图像替换文本">
```

如果图像没有成功下载，在图像的位置上会显示 alt 属性设置的替换文本。也就是说，替换文本是在图像无法正常显示时显示，用于提示用户这是一张什么图像。

【例 3-4】模拟购物网站中"商品评价"模块（源代码\ch03\3.4.html）。

本实例通过<img>标记在网页中添加商品图像，然后通过设置图像的间距、对齐方式、替换文本与提示文字来模拟购物网站中"商品评价"模块。

```
<!doctype html>
<html>
<head>
<meta charset="utf-8">
<title>模拟购物网站商品评价界面</title>
</head>
<body>
<hr>
<p><span style="color:red">全部评价(200+)</span>  晒图(8)  视频晒
单(0)  追评(2)  好评(38)  中评（1）  差评(0)</p>
<hr>
<!--设置提示文字为用户昵称,对齐方式为与该行文字中线对齐-->
    <img src="images/tou.jpg" width="50" title="用户：坏坏的笑" align="absmiddle">
    
    <img src="images/xing.jpg">
<br>            
 
<span>包装非常精致细心！东西还可以,黑色的针在中间,红色的在角上.</span>
<br>
<br>            
  
<!--添加买家秀照片,并为买家秀照片设置提示文字与替换文本-->
    <img src="images/p01.jpg" width="100" border="1" title="四叶草红玛瑙耳钉红色">
    <img src="images/p02.jpg" width="100" border="1" title="四叶草红玛瑙耳钉黑色">
    <img src="images/p03.jpg" width="100" border="1" title="四叶草红玛瑙耳钉">
    <img src="images/p04.jpg" width="100" border="1"  alt="四叶草红玛瑙耳钉">
<hr>
<!--添加第二个买家秀信息,头像为用户昵称-->
    <img src="images/tou.jpg" width="50" title="用户：春风十里" align="absmiddle"> 
   
    <img src="images/xing.jpg">
<br>            
  
<span>非常漂亮的四叶草耳钉,性价比高.</span>
<br>
<br>            
  
<!--添加买家秀照片,并为买家秀照片设置提示文字-->
    <img src="images/p05.jpg" width="100" border="1" title="四叶草红玛瑙耳钉红色">
    <img src="images/p06.jpg" width="100" border="1" title="四叶草红玛瑙耳钉黑色">
    <img src="images/p07.jpg" width="100" border="1" title="四叶草红玛瑙耳钉">
  <hr>
</body>
</html>
```

运行结果如图 3-5 所示。用户将光标放在图片上，即可看到提示文字，当图片不能正常显示时，页面出现了替换文本。

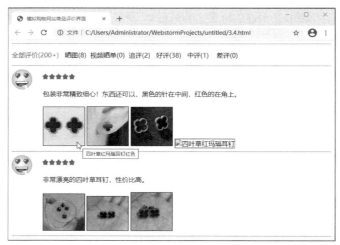

图 3-5　替换文字和提示文字显示效果

3.3　网页中的超链接

超链接是 HTML 中一个强大且非常有价值的功能，使用超链接可以实现将文档中的文字或图像与目标链接在一起。这个目标可以是另一个网页，也可以是相同网页上的不同位置，还可以是一个图像、动画或声音，一个电子邮件地址、一个文件，甚至是一个应用程序。

3.3.1　文本链接

使用 HTML5 中的\<a\>标记可以为网页元素创建超链接。在网页中，文本链接是最常见的一种，它通过网页中的文本与其他文件进行链接。语法格式如下：

```
<a href="链接地址" target="打开新窗口方式">链接文字</a>
```

链接地址可以是绝对地址，简单地讲就是网络上的一个站点、网页的完整路径；也可以是相对地址，例如将网页上的某一段文字或某标题链接到同一网站的其他网页。

target 主要有 4 个属性值，对应 4 种打开新窗口的方式，如表 3-2 所示。

表 3-2　target 的属性值

属 性 值	含 义
_blank	新建一个窗口打开
_self	在同一窗口中打开，默认值
_parent	在上一级窗口打开
_top	在浏览器的整个窗口中打开

【例 3-5】模拟购物网站中的导航栏模块（源代码\ch03\3.5.html）。

在页面中添加文字导航和图像，通过\<a\>标记为每个导航栏添加超链接，从而模拟购物网站中的导航栏模块。

```
<!DOCTYPE html>
<html>
```

```
<head>
<title>文本超链接</title>
</head>
<body>
<a href="#">店铺首页</a>   
<a href="links.html" target="_blank">所有宝贝</a>   
<a href="links.html" target="_blank">配件专区</a>   
<a href="links.html" target="_blank">收藏店铺</a>   
<a href="http://www.baidu.com" target="_blank">百度搜索</a><br/>
<img src="images/gou.jpg" alt="banner">
</body>
</html>
```

运行结果如图 3-6 所示。当单击"所有宝贝""配件专区"或"收藏店铺"时，页面会跳转到
"欢迎来到我的店铺"页面，如图 3-7 所示。

图 3-6　添加超链接

图 3-7　单击文本链接后的跳转页面

☆**大牛提醒**☆

　　在填写链接地址时，为了简化代码和避免文件位置改变而导致链接出错，一般使用相对地址。
如果链接为外部链接，则链接地址前的 http:// 不可省略，否则链接会出现错误提示。

3.3.2　下载链接

　　超链接<a>标记 href 属性是指向链接的目标，目标可以是各种类型的文件，如图片文件、声音文
件、视频文件、Word 文件等。如果是浏览器能够识别的类型，会直接在浏览器中显示；如果是浏览
器无法识别的类型，会在浏览器中弹出文件下载对话框。

【例 3-6】创建网页下载链接的效果（源代码\ch03\3.6.html）。

在页面中添加音频文件和 Word 文档，通过<a>标记的 href 属性为它们添加下载链接。

```
<!DOCTYPE html>
<html>
<head>
<title>下载链接效果</title>
</head>
<body>
<p><a href="大鱼.mp3">链接音频文件</a></p>
<p><a href="文档.doc">链接 Word 文档</a></p>
</body>
</html>
```

运行结果如图 3-8 所示。

图 3-8　添加下载链接

单击"链接音频文件"链接，浏览器直接播放该文件，如图 3-9 所示。当单击"链接 Word 文档"链接后，由于浏览器不能直接显示文件内容，此时浏览器会自动下载文档，下载完成后根据需要打开文件即可，如图 3-10 所示。

图 3-9　播放音频文件

图 3-10　下载 Word 文档并打开

3.3.3　书签链接

当浏览页面时，如果页面的内容较多，页面过长，就需要不停地拖动滚动条来查看页面内容，这样操作起来很不方便。为此，HTML 为用户提供了创建书签链接功能。建立书签链接分为两步：首先建立书签，然后为书签制作链接。

通过为\<a>标记添加 name 或 id 属性，可以创建一个文档内部的书签链接。使用 name 属性的语法格式如下：

```
<a name="value">创建链接的文本</a>
```

name 属性用于指定锚的名称，主要用于创建大型文档内的书签，如电子书页面。

使用 id 属性的语法格式如下：

```
<a id="value">创建链接的文本</a>
```

【例 3-7】使用书签链接模拟购物商城（源代码\ch03\3.7.html）。

本实例使用书签链接模拟一个购物商城，实现当单击某个版块时，就会调整到该版块，如果单击"返回顶部"链接，则返回商城顶部。

```
<!DOCTYPE html>
<html>
<head>
    <meta charset="utf-8">
    <title>书签链接模拟购物商城</title>
</head>
<body>
    <h3><!--建立书签链接,同时又添加链接地址,当单击"精选好货"时,页面跳转至"精选好货"版块-->
        <a href="#haohuo" name="top">精选好货</a>   
        <!--添加链接地址,当单击"猜你喜欢"时,页面跳转至"猜你喜欢"版块-->
        <a href="#xihuan">猜你喜欢</a>   
```

```
        <!--添加链接地址,当单击"天天特价"时,页面跳转至"天天特价"版块-->
        <a href="#tejia">天天特价</a>   
        <!--添加链接地址,当单击"秒杀专区"时,页面跳转至"秒杀专区"版块-->
        <a href="#miaosha">秒杀专区</a>   
        <!--添加链接地址,当单击"热卖单品"时,页面跳转至"热卖单品"版块-->
        <a href="#remai">热卖单品</a>   
        <img src="images/banner.jpg" width="900">
    </h3>
    <!--建立书签-->
    <h3><a name="haohuo"></a>精选好货</h3>
    <p>品牌好货帮你挑,优享品质让你省钱,省心,省时间.</p>
    <img src="images/j01.jpg" width="900">
    <!--为"猜你喜欢"建立书签,同时为"返回顶部"添加链接地址-->
    <h3><a name="xihuan">猜你喜欢</a>><a href="#top">返回顶部</a></h3>
    <p>根据你的购物习惯以及搜索商品信息,猜猜你喜欢什么.</p>
    <img src="images/n01.jpg" alt="" width="900">
    <!--为"天天特价"建立书签,同时为"返回顶部"添加链接地址-->
    <h3><a name="tejia">天天特价</a>><a href="#top">返回顶部</a></h3>
    <p>天天特价,每天精选 超划算,赶快来.</p>
    <img src="images/t01.jpg" alt="" width="900">
    <!--为"秒杀专区"建立书签,同时为"返回顶部"添加链接地址-->
    <h3><a name="miaosha">秒杀专区</a>><a href="#top">返回顶部</a></h3>
    <p>品牌好货,件件秒杀价,整点秒杀,不容错过.</p>
    <img src="images/m01.jpg" alt="" width="900">
    <!--为"热卖单品"建立书签,同时为"返回顶部"添加链接地址-->
    <h3><a name="remai">热卖单品</a>><a href="#top">返回顶部</a></h3>
    <p>热卖单品,都是最潮流的品牌好货.</p>
    <img src="images/r01.jpg" alt="" width="1000">
</body>
</html>
```

运行结果如图 3-11 所示,这里显示的是购物网站的顶部。

单击"秒杀专区"超链接,页面会自动跳转到"秒杀专区"对应的版块。如果单击"返回顶部"超链接,则返回到网站顶部,如图 3-12 所示。

图 3-11　购物网站顶部效果

图 3-12　书签跳转效果

3.3.4　电子邮件链接

在某些网页中,当访问者单击某个链接以后,会自动打开电子邮件客户端软件,如 Outlook 或 Foxmail 等,向某个特定的 E-mail 地址发送邮件,这个链接就是电子邮件链接。电子邮件链接的语法格式如下:

```
<a href="mailto:电子邮件地址" >网页元素</a>
```

【例 3-8】创建电子邮件链接（源代码\ch03\3.8.html）。

通过设置<a>标记的属性值，实现电子邮件链接，即当单击邮箱相关链接时，将打开写邮件界面。

```
<!DOCTYPE html>
<html>
<head>
<title>电子邮件链接</title>
</head>
<body>
<img src="images/logo.gif" width="119" height="49">  [免费注册][登录]
<a href="mailto:bczj123@foxmail.com">站长信箱</a>
</body>
</html>
```

运行结果如图 3-13 所示，实现了电子邮件链接。当单击"站长信箱"链接时，会自动弹出 Outlook 窗口，要求编写电子邮件，如图 3-14 所示。

图 3-13　链接到电子邮件

图 3-14　Outlook 新邮件窗口

3.4　图像的超链接

在网页中浏览内容时，若将光标移到图像上，光标将变成手形，此时单击鼠标会打开一个网页，这样的链接就是图像链接。

3.4.1　创建图片链接

给网页图像添加链接的方法与添加文本链接相似。语法格式如下：

```
<a href="链接地址" target="打开新窗口方式"><img src="图像文件的链接地址"/></a>
```

在该语法中，href 参数用来设置图像的链接地址，而在图像属性中可以添加图像的其他参数，如图像宽度、高度、边框线等。

【例 3-9】添加图像链接，展示商品详情页面（源代码\ch03\3.9.html）。

本实例通过<img>标记在网页中添加商品图像，单击该图像即可展示商品详情页面。

```
<!DOCTYPE html>
<html>
<head>
<title>展示商品</title>
</head>
<body>
<a href="link.html"><img src="images/01.jpg" width="300" border="1"></a>
<br/>
```

```
<img src="images/02.jpg" height="120">
<img src="images/01.jpg" width="120" border="3">
<img src="images/03.jpg" width="120" height="120">
<img src="images/04.jpg" width="120" height="120">
</body>
</html>
```

运行结果如图 3-15 所示。光标移到图片上变为手形，单击鼠标后可跳转到指定商品详情页面，如图 3-16 所示。

图 3-15　设置图像的链接

图 3-16　跳转后的商品详情页面

提示：文件中的图片要和当前网页文件在同一目录下，如果链接的网页没加 http://，默认为当前网页所在目录。

3.4.2　图像热点链接

除了可以对整个图像进行超链接设置外，还可以将图像划分成不同的区域进行链接设置。在 HTML5 中，可以为图像创建矩形、圆形和多边形 3 种类型的热点区域。创建热点区域使用<map>和<area>标记。

设置图像热点链接可以分为两个步骤：首先设置映射图像，然后定义热点区域图像和热点区域链接。

1. 设置映射图像

要想建立图像热点区域，必须先插入图像。注意，图像必须增加 usemap 属性，说明该图像是热区映射图像，属性值必须以"#"开头，加上图像名称，如#pic。语法格式如下：

```
<img src="图像地址" usemap="#热点图像名称">
```

2. 定义热点区域图像和热点区域链接

接着就可以定义热点区域图像和热点区域链接了，语法格式如下：

```
<map id="#热点图像名称">
    <area shape="热点形状 1" coords="热点坐标 1" href="链接地址 1">
    <area shape="热点形状 2" coords="热点坐标 2" href="链接地址 2">
</map>
```

<map>标记只有一个属性 id，其作用是为区域命名，其设置值必须与<img>标记的 usemap 属性值相同。<area>标记主要是定义热点区域的形状及超链接，有 3 个必要的属性。

● shape 属性：控件划分区域的形状。其取值有 3 个，分别是 rect（矩形）、circle（圆形）和 poly

（多边形）。

- coords 属性：控制区域的划分坐标。如果 shape 属性取值为 rect，那么 coords 的设置值分别为矩形的左上角 x、y 坐标和右下角 x、y 坐标，单位为像素。如果 shape 属性取值为 circle，那么 coords 的设置值分别为圆形圆心 x、y 坐标和半径值，单位为像素。如果 shape 属性取值为 poly，那么 coords 的设置值分别为各个角点的 x、y 坐标，单位为像素。
- href 属性：为区域设置超链接的目标。设置值为 "#" 时，表示为空链接。

【例 3-10】添加图像热点链接，展示商品详情页面（源代码\ch03\3.10.html）。

本实例通过<img>标记在网页中添加商品图像，单击图像即可展示商品详情页面。

```html
<!DOCTYPE html>
<html>
<head>
    <title>创建热点区域</title>
</head>
<body>
<img src="images/daohang.jpg" usemap="#Map">
<map name="Map">
    <area shape="rect" coords="30,106,220,363" href="images/x03.jpg"/>
</map>
</body>
</html>
```

运行结果如图 3-17 所示。单击不同的热点区域，将跳转到不同的页面。例如这里单击"超美女装"区域，跳转页面效果如图 3-18 所示。

图 3-17　创建热点区域

图 3-18　热点区域的链接页面

3.5　新手疑难问题解答

问题 1：在浏览器中，添加的图像为什么无法正常显示？

解答：加载页面时，要注意插入页面图像的路径，如果没有正确设置图像的位置，浏览器将无法加载图像，图像标记会显示为一个破碎的图片。为保证图像的正常显示，插入图像时应注意以下几点：

- 图片格式一定是网页支持的。
- 图片的路径一定要正确，并且图片文件扩展名不能省略。
- HTML 文件位置发生改变时，图片一定要跟随一起改变，即图片位置和 HTML 文件位置始终保持相对一致。

问题 2：如何才能将图像显示在两个段落之间？

解答：加载页面时，浏览器会将图像显示在文档中图像标记出现的地方。如果将图像标记置于两个段落之间，那么浏览器首先会显示第一个段落，然后显示图片，最后显示第二个段落。

3.6　实战训练

实战 1：制作一个图文混排的网页。

编写 HTML 代码，制作一个图文混排的网页，运行效果如图 3-19 所示。

实战 2：制作有背景图的网页。

编写 HTML 代码，通过<body>标记渲染一个有背景图的网页，运行效果如图 3-20 所示。

图 3-19　图文混排的页面效果

图 3-20　带背景图的页面效果

第4章

CSS3 基础入门

对于网页设计而言，CSS 就像一支画笔，可以勾勒出优美的画面，它可以根据设计者的要求对页面的布局、颜色、字体、背景和其他图文效果进行控制，可以说 CSS 是网页设计中不可缺少的重要工具，目前常用的版本为 CSS3。

4.1 CSS 概述

CSS 指层叠样式表（Cascading Style Sheets），对于设计者来说，CSS 是一个非常灵活的工具，它可以让用户不必再把复杂的样式定义编写在文档结构中，而且将有关文档的样式内容全部脱离出来，这样更利于后期的维护。

4.1.1 CSS 发展历史

万维网联盟（W3C），这个非营利的标准化联盟，在 1996 年制定并发布了一个网页排版样式标准，即层叠样式表，用来对 HTML 有限的表现功能进行补充。

CSS1 是 CSS 的第一层次标准，它正式发布于 1996 年 12 月 17 日，在 1999 年 1 月 11 日进行了修改。CSS1 主要定义了网页的基本属性，如字体、颜色、空白边等。

CSS2 于 1998 年 5 月 12 日被正式作为标准发布，CSS2 基于 CSS1，包含了 CSS1 所有的特色和功能，又在 CSS1 的基础上添加了一些高级功能，如浮动和定位等。

CSS3 于 2010 年推出，这个版本完善了前面 CSS 存在的一些不足，同时新增了许多的新功能，如表 4-1 所示。

表 4-1　CSS3 新增功能

新　功　能	说　　明
选择器	CSS3 增加了许多更强大的选择器
边框	CSS3 可以创建圆角边框、阴影、边框背景等
文字效果	使用 CSS3，设计者可以使用自己喜欢的任何字体，只需将字体引入网站就可以实现
背景	CSS3 背景包含了新属性，包括背景图片的大小、裁剪背景图片、背景图片的定位等
渐变	CSS3 定义了线性渐变和径向渐变
多列布局	为页面布局提供了更多的手段
动画	CSS3 动画使得设计者不需要编写脚本代码，也可以让页面元素动起来
媒体查询	可以根据不同的设备、不同的屏幕来调整页面

4.1.2 CSS 语法规则

CSS 样式表是由若干条样式规则组成的，这些规则可以应用到不同的元素或文档，来定义它们显示的外观。每条样式规则由三部分构成：选择器（selector）、属性（property）和属性值（value），基本格式如下：

```
selector{property: value}
```

- selector：选择器可以采用多种形式，可以为文档中的 HTML 标签，例如<body>、<table>、<p>等，也可以是 XML 文档中的标签。
- property：属性是选择符指定的标签所包含的属性。
- value：指定属性的值。如果定义选择符的多个属性，则属性和属性值为一组，组与组之间用分号（;）隔开。基本格式如下：

```
selector{property1: value1; property2: value2; ···}
```

例如，下面给出一条样式规则：

```
p{color: red; font-size:20px}
```

具体语法结构如图 4-1 所示。

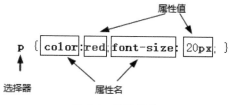

图 4-1 语法结构

该样式规则的选择器是 p，即为段落标记<p>提供样式；color 为指定文字颜色属性，red 为属性值；font-size 为指定文字大小属性，20px 为属性值。此样式表示标记<p>指定的段落文字为红色，大小为 20px。

CSS 语法具有很高的容错性，即一条错误的语句并不会影响之后语句的解析。例如如下代码：

```
<style>
h1{
    color:blue              /*这里没有分号,导致语法错误*/
    font-size:20px          /*这条声明不会被应用*/
}
h2{
    -color:red;             /*对于不识别的属性名,CSS 将自动忽略*/
    font-size:22px;         /*前面的错误不影响这条声明的作用*/
}
</style>
```

注意：虽然 CSS 的容错性非常高，但是在编写的过程中也要注意语法错误的检查，用户可以使用 CSS Lint、Dreamweaver 等工具来检查 CSS 语法格式。

4.1.3 CSS 注释方式

CSS 注释可以帮助用户对自己写的 CSS 文件进行说明，如说明某段 CSS 代码所作用的地方、功能、样式等，方便以后维护。CSS 的注释样式如下：

```
.#header{ width:960px; height:120px;}          /*定义头部 CSS 定义*/
    p{
        color: blue;                            /*定义字体颜色*/
        font-size: 20px;                        /*设置字体大小*/
        font-family: 宋体;                       /*设置字体类型*/
    }
```

4.2 HTML5 中调用 CSS 的方法

CSS 样式表能很好地控制页面显示，以达到分离网页内容和样式代码的目的。但在控制文档显示之前，需要调用 CSS 样式表，常用的调用方法有行内样式、内嵌样式、链接样式和导入样式。

4.2.1 行内样式

使用行内样式方法是直接在 HTML 标记中使用 style 属性，该属性的内容就是 CSS 的属性和值。基本格式如下：

```
<p style="color:red">段落样式</p>
```

【例 4-1】使用行内样式定义古诗的标题和内容（源代码\ch04\4.1.html）。

本实例通过行内样式为<p>标记添加 CSS 属性和值，来定义古诗的显示样式，包括文字颜色、字体样式、对齐方式等。

```
<!DOCTYPE html>
<html>
<head>
    <meta charset="UTF-8">
    <title>行内样式</title>
</head>
<body>
<p style="color:red;font-size:20px;text-decoration:underline;text-align:center">
《清明》</p>
<p style="color:black;font-size:20px;text-align:center">清明时节雨纷纷,路上行人欲断
魂.</p>
<p style="color:black;font-size:20px;text-align:center">借问酒家何处有,牧童遥指杏花
村.</p>
</body>
</html>
```

运行结果如图 4-2 所示。可以看到 3 个<p>标记中都使用了 style 属性，并且设置了 CSS 样式，各个样式之间互不影响，分别显示自己的样式效果。

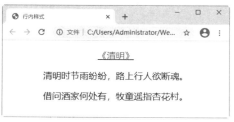

图 4-2 行内样式显示

注意：行内样式不经常用，CSS 样式与 HTML 结构没有分离，导致代码冗余，并且不利于维护。

4.2.2　内嵌样式

内嵌样式就是将 CSS 样式代码添加到<head>与</head>标记之间，并且用<style>和</style>标记进行声明，其格式如下：

```
<head>
  <style type="text/css" >
    p
    {
        color:red;                /*设置字体的颜色为红色*/
        font-size:12px;           /*设置字体的大小*/
    }
  </style>
</head>
```

【例 4-2】使用内嵌样式定义古诗的标题和内容（源代码\ch04\4.2.html）。

本实例通过内嵌样式为<p>标记添加 CSS 属性和值，来定义古诗的显示样式，包括文字颜色、字体样式、对齐方式等。

```
<!DOCTYPE html>
<html>
<head>
    <meta charset="UTF-8">
    <title>内嵌样式</title>
    <style type="text/css">
        h3{
            color:red;                  /*设置字体的颜色为红色*/
            font-size:20px;             /*设置字体的大小*/
            text-decoration:underline;  /*给文本添加下画线*/
            text-align:center;          /*设置段落居中显示*/
        }
        p{
            color:black;                /*设置字体的颜色为黑色*/
            font-size:20px;             /*设置字体的大小*/
            text-align:center;          /*设置段落居中显示*/
        }
    </style>
</head>
<body>
<h3>《清明》</h3>
<p>清明时节雨纷纷,路上行人欲断魂.</p>
<p>借问酒家何处有,牧童遥指杏花村.</p>
</body>
</html>
```

运行结果如图 4-3 所示。

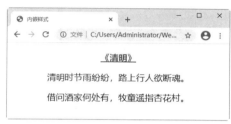

图 4-3　内嵌样式显示

☆**大牛提醒**☆

内嵌样式虽然没有实现页面内容和样式控制代码完全分离，但可以设置一些比较简单的样式，并统一页面样式。

4.2.3　链接样式

链接样式是 CSS 中使用频率最高，也是最实用的方法。链接样式是指在外部定义 CSS 样式表并形成以.css 为扩展名的文件，然后在页面中通过<link>链接标记链接到页面中，而且该链接语句必须放在页面的<head>标记区，例如：

```
<link rel="stylesheet" type="text/css" href="style.css" />
```

各参数含义如下：

- rel：指定链接到样式表，其值为 stylesheet。
- type：表示样式表类型为 CSS 样式表。
- href：指定 CSS 样式表所在位置，此处表示当前路径下名称为 style.css 的文件。

这里使用的是相对路径。如果 HTML 文档与 CSS 样式表没有在同一路径下，则需要指定样式表的绝对路径或引用位置。

【**例 4-3**】使用链接样式定义古诗的标题和内容（源代码\ch04\4.3.html、源代码\ch04\style01.css）。

本实例通过链接样式为<p>标记添加 CSS 属性和值，来定义古诗的显示样式，包括文字颜色、字体样式、对齐方式等。

```
<!DOCTYPE html>
<html>
<head>
    <meta charset="UTF-8">
    <title>链接样式</title>
    <link rel="stylesheet" type="text/css" href=" style01.css" />
</head>
<body>
<h3>《清明》</h3>
<p>清明时节雨纷纷,路上行人欲断魂.</p>
<p>借问酒家何处有,牧童遥指杏花村.</p>
</body>
</html>
```

CSS 文件代码：

```
h3{ color:red;font-size:20px;text-decoration:underline;text-align:center;}
                            /*设置标题文字的颜色、大小、下画线并居中显示*/
p{color:black;font-size:20px;text-align:center;}
                            /*设置段落文字的颜色、字体大小、对齐方式*/
```

运行结果如图 4-4 所示。

图 4-4　链接样式显示

链接样式最大优势就是将 CSS 代码和 HTML 代码完全分离，并且同一个 CSS 文件能被不同的 HTML 所链接使用。

4.2.4　导入样式

导入样式和链接样式基本相同，都是创建一个单独的 CSS 文件，然后再引入 HTML 文件，只不过语法和运作方式稍有差别。导入外部样式表，是指在内部样式表的<style>标记中使用@import 导入一个外部样式表，例如：

```
<head>
  <style type="text/css" >
  <!--
  @import "style02.css"
  --> </style>
</head>
```

导入外部样式表相当于将样式表导入内部样式表，其方式更有优势。导入外部样式表必须在样式表的开始部分，其他内部样式表上面。

【例 4-4】使用导入样式定义古诗的标题和内容（源代码\ch04\4.4.html、源代码\ch04\style02.css）。

本实例通过导入样式为<p>标记添加 CSS 属性和值，来定义古诗的显示样式，包括文字颜色、字体样式、对齐方式等。

```
<!DOCTYPE html>
<html>
<head>
    <title>导入样式</title>
    <style>
        @import "style02.css";
    </style>
</head>
<body>
<h1>《江雪》</h1>
<p>千山鸟飞绝,万径人踪灭.</p>
<p>孤舟蓑笠翁,独钓寒江雪.</p>
</body>
</html>
```

CSS 文件代码：

```
h1{text-align:center;color:#0000ff}    /*设置标题居中显示和字体颜色*/
p{font-weight:bolder;text-decoration:underline;font-size:20px;text-align:center;}
/*设置段落文字的粗细、添加下画线、字体大小、居中显示*/
```

运行结果如图 4-5 所示。

图 4-5　导入样式显示

导入样式与链接样式相比，最大的优点就是可以一次导入多个 CSS 文件，其格式如下：

```
<style>
@import "style02.css"
@import "test01.css"
</style>
```

4.3　CSS3 中的选择器

选择器（selector）是 CSS 中很重要的概念，要想实现 CSS 对 HTML 页面中元素的一对一、一对多或者多对一的控制，就需要用到 CSS 选择器。

4.3.1　标记选择器

标记选择器又称为标签选择器，在 W3C 标准中，又称为类型选择器（type selector）。CSS 标记选择器用来声明 HTML 标记采用哪种 CSS 样式。因此，每一个 HTML 标记的名称都可以作为相应的标记选择器的名称。标记选择器最基本的形式如下：

```
tagName{property:value}
```

主要参数介绍如下：
- tagName：表示标记名称，例如 p、h1 等 HTML 标记。
- porperty：表示 CSS3 属性。
- value：表示 CSS3 属性值。

例如，p 选择器就是用于声明页面中所有<p>标记的样式风格。同样，可以通过 h1 选择器来声明页面中所有<h1>标记的 CSS 样式风格。具体代码如下：

```
h1 {color:red;font-size:14px;}
```

这里的 CSS 代码声明了 HTML 页面中所有<h1>标记，文字颜色为红色，大小为 14px。

【例 4-5】使用标记选择器定义古诗标题和内容的显示方式（源代码\ch04\4.5.html）。

本实例通过标记选择器为<p>标记添加 CSS 属性和值，来定义古诗的显示样式，包括文字颜色、字体样式、对齐方式等。

```
<!DOCTYPE html>
<html>
<head>
    <title>标记选择器</title>
    <style>
        p{
            color:black;              /*设置字体的颜色为黑色*/
            font-size:20px;           /*设置字体的大小为 20px*/
            font-weight:bolder;       /*设置字体的粗细*/
        }
    </style>
</head>
<body>
<h2  style="color:red;font-size:20px;text-decoration:underline;text-align:center">
《天净沙·秋思》</h2>
    <p>枯藤老树昏鸦,小桥流水人家,古道西风瘦马.夕阳西下,断肠人在天涯.</p>
</body>
</html>
```

运行结果如图 4-6 所示。

图 4-6　标记选择器显示效果

注意：对于 div、span 等通用元素，不建议使用标记选择器，因为它们的应用范围广泛，使用标记选择器会相互干扰。

4.3.2　全局选择器

如果想要一个页面中所有<html>标记使用同一种样式，可以使用全局选择器，其语法格式为：

```
*{property:value}
```

其中 "*" 表示对所有元素起作用，property 表示 CSS3 属性名称，value 表示属性值。使用示例如下：

```
*{margin:0; padding:0;}
```

【例 4-6】使用全局选择器定义古诗标题和内容的显示方式（源代码\ch04\4.6.html）。

本实例通过全局选择器为<body>标记中的所有元素添加 CSS 属性和值，来定义古诗的显示样式，包括文字颜色、字体样式、对齐方式等。

```
<!DOCTYPE html>
<html>
<head>
    <title>全局选择器</title>
    <style>
        *{
            color:black;              /*设置字体的颜色为黑色*/
            font-weight:bold;         /*设置字体的粗细*/
            font-size:18px;           /*设置字体的大小为 18px*/
            text-align:center;        /*设置居中显示*/
        }
    </style>
</head>
<body>
<h2>《江南春》</h2>
<p>千里莺啼绿映红,</p>
<p>水村山郭酒旗风.</p>
<p>南朝四百八十寺,</p>
<p>多少楼台烟雨中.</p>
</body>
</html>
```

运行结果如图 4-7 所示，<body>标记中的段落和标题都以黑色字体并居中显示，大小为 18px。

图 4-7　全局选择器显示效果

4.3.3　类与 ID 选择器

类选择器和 ID 选择器类似，都是针对特定属性的属性值进行匹配的，但两者也有区别。

1. 类（class）选择器

类选择器用来为一系列标记定义相同的呈现方式，语法格式如下：

```
.classValue {property:value}
```

classValue 是选择器的名称，具体名称由 CSS 制定者自己命名。在定义类选择器时，需要在 classValue 前面加一个句点（.）。使用示例如下：

```
.rd{color:red}
.se{font-size:3px}
```

这里定义了两个类选择器，分别为 rd 和 se。类的名称可以是任意英文字符串或以英文开头与数字的组合，一般情况下，是其功能及效果的简要缩写。

2. ID 选择器

ID 选择器定义的是某一个特定的 HTML 元素，一个网页文件中只能有一个元素使用某一 ID 属性值。定义 ID 选择器的语法格式如下：

```
#idValue{property:value}
```

idValue 是选择器名称，具体名称可以由 CSS 制定者自己命名，ID 属性值在文档中具有唯一性。例如下面定义一个 ID 选择器，名称为 fontstyle，代码如下：

```
#fontstyle
{
    color:red;              /*设置字体的颜色为红色*/
    font-weight:bold;       /*设置字体的粗细*/
    font-size:large;        /*设置字体的大小*/
}
```

在页面中，具有 ID 属性的标记才能够使用 ID 选择器定义样式，所以与类选择器相比，使用 ID 选择器是有一定局限性的。

【例 4-7】使用类与 ID 选择器定义古诗标题和内容的显示方式（源代码\ch04\4.7.html）。

本实例通过类与 ID 选择器为<body>标记中的所有元素添加 CSS 属性和值，来定义古诗的显示样式，包括文字颜色、字体样式、对齐方式等。

```
<!DOCTYPE html>
<html>
<head>
<title>类与 ID选择器</title>
<style>
.aa{
    color:red;              /*设置字体的颜色为红色*/
    font-size:20px;         /*设置字体的大小为 20px*/
    text-align:center;      /*设置居中显示*/
}
.bb{
    color:blue;             /*设置字体的颜色为蓝色*/
    font-size:22px;         /*设置字体的大小为 22px*/
}
#textstyle{
    color:red;              /*设置字体的颜色为红色*/
    font-weight:bold;       /*设置字体的粗细*/
    font-size:22px;         /*设置字体的大小为 22px*/
}
</style>
</head>
<body>
<h3 class="aa">《画鸡》</h3>
```

```
<p class="bb">头上红冠不用裁,满身雪白走将来.</p>
<p id=textstyle>平生不敢轻言语,一叫千门万户开.</p>
</body>
</html>
```

运行结果如图 4-8 所示。

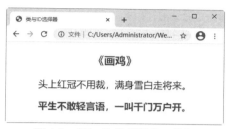

图 4-8　类与 ID 选择器显示效果

4.3.4　组合选择器

将多种选择器进行搭配，即将标记选择器、类选择器和 ID 选择器组合起来使用，可以构成复合选择器，也称为组合选择器。组合选择器只是一种组合形式，并不是一种真正的选择器，但在实际中经常使用。例如：

```
.orderlist li {color: red}
.tableset td {font-size:22px;}
```

组合选择器一般用在重复出现并且样式相同的一些标记里，例如 li 列表、td 单元格等。

【例 4-8】使用组合选择器定义古诗标题和内容的显示方式（源代码\ch04\4.8.html）。

本实例通过组合选择器为<body>标记中的所有元素添加 CSS 属性和值，来定义古诗的显示样式，包括文字颜色、字体样式、对齐方式等。

```
<!DOCTYPE html>
<html>
<head>
<title>组合选择器</title>
<style>
p{
    color:red                 /*设置字体的颜色为红色*/
}
p.firstPar{
    color:blue;               /*设置字体的颜色为蓝色*/
}
.firstPar{
    color:green;              /*设置字体的颜色为绿色*/
}
</style>
</head>
<body>
<p>《清明》</p>
<p class="firstPar">清明时节雨纷纷,</p>
<h1 class="firstPar">路上行人欲断魂.</h1>
</body>
</html>
```

运行结果如图 4-9 所示。可以看到第 1 个段落颜色为红色，采用了 p 标记选择器，第 2 个段落显示的是蓝色，采用了 p 标记选择器和类选择器组合的选择器，第 3 段是标题 h1，以绿色字体显示，采用的是类选择器。

图 4-9　组合选择器显示效果

4.3.5　属性选择器

直接使用属性控制 HTML 标记样式的选择器，称为属性选择器，属性选择器是根据某个属性是否存在并根据属性值来寻找元素的。在 CSS3 中，共有 7 个属性选择器，如表 4-2 所示。

表 4-2　CSS3 属性选择器

属性选择器	说　　明
E[foo]	选择匹配 E 的元素，且该元素定义了 foo 属性。注意，E 选择器可以省略，表示选定义了 foo 属性的任意类型元素
E[foo= "bar "]	选择匹配 E 的元素，且该元素将 foo 属性值定义为 bar。注意，E 选择器可以省略
E[foo~= "bar "]	选择匹配 E 的元素，且该元素定义了 foo 属性，foo 属性值是一个以空格符分隔的列表，其中一个列表的值为 bar。注意，E 选择器可以省略，表示可以匹配任意类型的元素
E[foo|="en"]	选择匹配 E 的元素，且该元素定义了 foo 属性，foo 属性值是一个用连字符（-）分隔的列表，值开头的字符为"en"。注意，E 选择器可以省略，表示可以匹配任意类型的元素
E[foo^="bar"]	选择匹配 E 的元素，且该元素定义了 foo 属性，foo 属性值包含了前缀为"bar"的子字符串。注意，E 选择器可以省略，表示可以匹配任意类型的元素
E[foo$="bar"]	选择匹配 E 的元素，且该元素定义了 foo 属性，foo 属性值包含后缀为"bar"的子字符串。注意 E 选择器可以省略，表示可以匹配任意类型的元素
E[foo*="bar"]	选择匹配 E 的元素，且该元素定义了 foo 属性，foo 属性值包含"b"的子字符串。注意，E 选择器可以省略，表示可以匹配任意类型的元素

【例 4-9】使用属性选择器定义古诗标题和内容的显示方式（源代码\ch04\4.9.html）。

本实例通过属性选择器为<body>标记中的所有元素添加CSS属性和值，来定义古诗的显示样式，包括文字颜色、字体样式、对齐方式等。

```
<!DOCTYPE html>
<html>
<head>
    <title>属性选择器</title>
    <style>
        [align]{color:red}
        [align="left"]{font-size:20px;font-weight:bolder;}
        [lang^="en"]{color:blue;text-decoration:underline;}
        [src$="jpg"]{border-width:2px;border-color:#ff9900;}
    </style>
</head>
<body>
<p align=center>轻轻地我走了,正如我轻轻地来;</p>
<p align=left>我轻轻地招手,作别西天的云彩.</p>
<p lang="en-us">悄悄地我走了,正如我悄悄地来;</p>
<p>我挥一挥衣袖,不带走一片云彩.</p>
<img src="images/01.jpg" border="0.5"/>
```

```
</body>
</html>
```

运行结果如图 4-10 所示。可以看到第 1 个段落使用属性 align 定义样式,其字体颜色为红色。第 2 个段落使用属性值 left 修饰样式,并且大小为 20px,加粗显示,其字体颜色为红色,是因为该段落使用了 align 这个属性。第 3 个段落显示为蓝色,且带有下画线,是因为 lang 属性值前缀为 en。最后一个图片以边框样式显示,是因为属性值后缀为 jpg。

图 4-10　属性选择器显示效果

4.3.6　伪类选择器

伪类选择器是 CSS 中已经定义好的选择器,程序员不能随意命名。常用的伪类选择器主要有以下 4 种:

- :link:表示对未访问的超链接应用样式。
- :visited:表示对已访问的超链接应用样式。
- :hover:表示对光标所停留的元素应用样式。
- :active:表示对用户正在单击的元素应用样式。

伪类选择器定义的样式最常应用在标记<a>上,它表示链接的 4 种不同状态:未访问链接(link)、已访问链接(visited)、激活链接(active)和光标停留在链接上(hover)。

【例 4-10】通过伪类选择器定义网页超链接(源代码\ch04\4.10.html)。

本实例通过伪类选择器来定义网页超链接未访问、已访问、光标移动到链接上、选定时的颜色。

```
<!DOCTYPE html>
<html>
<head>
<title>伪类选择器</title>
<style>
a:link {color: red}              /*未访问链接的颜色*/
a:visited {color: green}         /*已访问链接的颜色*/
a:hover {color:blue}             /*光标移动到链接上的颜色*/
a:active {color: orange}         /*选定时链接的颜色*/
</style>
</head>
<body>
<a href="">链接到本页</a>
<a href="http://www.baidu.com">百度</a>
</body>
</html>
```

运行结果如图 4-11 所示。可以看到两个超链接，第一个超链接是光标停留在上方时，显示颜色为蓝色，另一个超链接是访问过后，显示颜色为绿色。

图 4-11　伪类选择器显示效果

4.3.7　结构伪类选择器

结构伪类（structural pseudo-classes）是 CSS3 新增的类选择器。顾名思义，结构伪类就是利用文档结构树（DOM）实现元素过滤。也就是说，通过文档结构的相互关系来匹配特定的元素，从而减少文档内对 class 属性和 ID 属性的定义，使得文档更加简洁。表 4-3 所示为 CSS3 中新增的结构伪类选择器。

表 4-3　结构伪类选择器

选　择　器	说　　　明
E:root	匹配文档的根元素，对于 HTML 文档，就是 HTML 元素
E:nth-child(n)	匹配其父元素的第 n 个子元素，第一个编号为 1
E:nth-last-child(n)	匹配其父元素的倒数第 n 个子元素，第一个编号为 1
E:nth-of-type(n)	与:nth-child()作用类似，但仅匹配使用同种标记的元素
E:nth-last-of-type(n)	与:nth-last-child()作用类似，但仅匹配使用同种标记的元素
E:last-child	匹配父元素的最后一个子元素，等同于:nth-last-child(1)
E:first-of-type	匹配父元素下使用同种标记的第一个子元素，等同于:nth-of-type(1)
E:last-of-type	匹配父元素下使用同种标记的最后一个子元素，等同于:nth-last-of-type(1)
E:only-child	匹配父元素下仅有的一个子元素，等同于:first-child:last-child 或:nth-child(1):nth-last-child(1)
E:only-of-type	匹配父元素下使用同种标记的唯一一个子元素，等同于:first-of-type:last-of-type 或:nth-of-type(1):nth-last-of-type(1)
E:empty	匹配一个不包含任何子元素的元素，注意，文本节点也被看作子元素

【例 4-11】通过结构伪类选择器设计一个销售表（源代码\ch04\4.11.html）。

本实例通过结构伪类选择器来设计一个颜色相间的销售表，即奇数行为白色，偶数行为指定的蓝色。

```
<!DOCTYPE html>
<html>
<head>
    <title>结构伪类选择器</title>
    <style>
        *{
            text-align:center;
        }
        tr:nth-child(even){
            background-color: #8ed7f8
```

```
            }
            tr:last-child{font-size:20px;}
        </style>
    </head>
    <body>
    <table border=1 width=80%>
        <caption>销售业绩表</caption>
        <th>销售员</th><th>冰箱</th><th>电视</th>
        <tr><td>张敬尧</td><td>15 万元</td><td>18 万元</td></tr>
        <tr><td>王子峰</td><td>12 万元</td><td>13 万元</td></tr>
        <tr><td>张力阳</td><td>14 万元</td><td>13 万元</td></tr>
        <tr><td>王子山</td><td>18 万元</td><td>19 万元</td></tr>
        <tr><td>张浩宇</td><td>20 万元</td><td>14 万元</td></tr>
        <tr><td>刘永浩</td><td>15 万元</td><td>25 万元</td></tr>
    </table>
    </body>
    </html>
```

运行结果如图 4-12 所示。可以看到表格中偶数行显示指定颜色，并且最后一行字体以 20px 显示，其原因就是采用了结构伪类选择器。

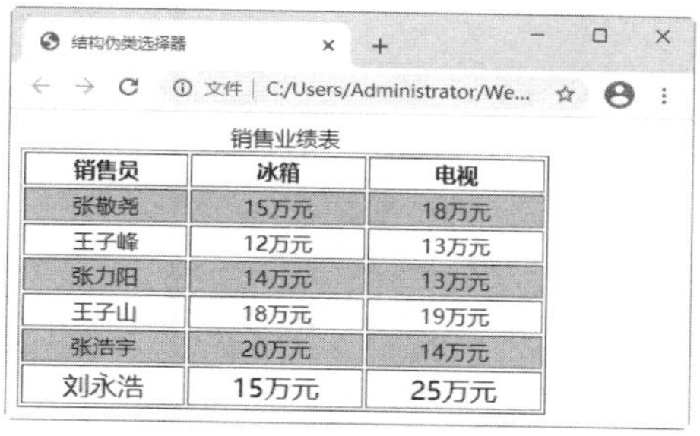

图 4-12　结构伪类选择器显示效果

4.3.8　UI 元素状态伪类选择器

UI 元素状态伪类（The UI element states pseudo-classes）是 CSS3 新增的选择器。其中 UI 即 User Interface（用户界面）的简称。UI 元素的状态一般包括可用、不可用、选中、未选中、获取焦点、失去焦点、锁定、待机等，常用的 UI 元素状态伪类选择器如表 4-4 所示。

表 4-4　UI 元素状态伪类选择器

选　择　器	说　　明
E:enabled	选择匹配 E 的所有可用 UI 元素。注意，在网页中，UI 元素一般是指包含在 form 元素内的表单元素
E:disabled	选择匹配 E 的所有不可用 UI 元素。注意，在网页中，UI 元素一般是指包含在 form 元素内的表单元素
E:checked	选择匹配 E 的所有选中 UI 元素。注意，在网页中，UI 元素一般是指包含在 form 元素内的表单元素

【例 4-12】通过 UI 元素状态伪类选择器定义用户登录界面（源代码\ch04\4.12.html）。

本实例通过 UI 元素状态伪类选择器来定义一个用户登录界面，当表单元素被选中时显示指定颜色。

```
<!DOCTYPE html>
<html>
<head>
```

```
<title>UI 元素状态伪类选择器</title>
<style>
input:enabled { border:1px dotted #666; background:#ff9900; }
input:disabled { border:1px dotted #999; background:#F2F2F2;}
</style>
</head>
<body>
<center>
<h3 align=center>用户登录</h3>
<form method="post" action="">
用户名：<input type=text name=name><br>
密  码：<input type=password name=pass disabled="disabled"><br>
<input type=submit value=提交>
<input type=reset value=重置>
</form>
<center>
</body>
</html>
```

运行结果如图 4-13 所示。可以看到表格中可用的表单元素都显示为嫩绿色，而不可用的元素则显示为灰色。

图 4-13　UI 元素状态伪类选择器显示效果

4.4　新手疑难问题解答

问题 1：在加载 CSS 文件时，link 引入外部样式和@import 导入外部样式有什么区别？

解答：link 与@import 在显示效果上还是有很大区别的，link 的加载会在页面显示之前全部加载完，而@import 是读取完文件之后再加载，所以，如果网络速度很快的情况下，会出现刚开始没有 CSS 定义，而后才加载 CSS 定义，@import 加载页面时开始的瞬间会有闪烁（无样式表的页面），然后恢复正常（加载样式后的页面），link 没有这个问题。所以推荐使用 link 引入外部样式。

问题 2：为什么会出现声明的属性没有在网页中体现出来的情况？

解答：CSS3 语言对于所有属性和值都有相对严格的要求，如果声明的属性在 CSS3 规范中没有，或某个属性值不符合属性要求，都不能使 CSS3 语句生效，也就不能在网页中体现属性效果了。

4.5　实战训练

实战 1：设计一个新闻页面。

结合学习的字体和文本样式的知识，创建一个简单的新闻页面，运行效果如图 4-14 所示。

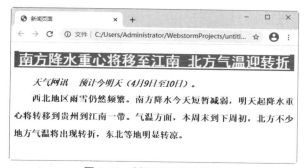

图 4-14　新闻页面浏览效果

实战 2：设计登录和注册界面。

实现一个简单的登录注册界面，该页面利用 HTML 标记实现基本的网页结构，然后使用选择器对 HTML 标记进行 CSS 样式的控制，运行效果如图 4-15 所示。

图 4-15　登录和注册页面效果

第5章

CSS3 常用属性

在浏览网页时，页面中美观大方的图片、整齐的文字等都是通过 CSS 中的属性来改变其在网页的位置、背景以及对齐方式的。本章就来介绍 CSS3 的常用属性，包括文本相关属性、图片相关属性、边框相关属性、背景相关属性等。

5.1　文本相关属性

网页中的字体样式包括字体类型、字体大小、字体颜色等基本效果，也包括粗体、斜体、大小写、装饰线等特殊效果。

5.1.1　定义字体类型

font-family 属性用于指定文字字体类型，例如宋体、黑体、隶书、Times New Roman 等，即在网页中展示不同样式的文字效果。语法格式如下：

```
{font-family : name}
```

其中 name 表示字体名称，按优先顺序排列，以逗号隔开，如果字体名称中包含空格，则使用引号将字体名称括起。使用示例如下：

```
{font-family: "Times New Roman"}
```

【例 5-1】设置网页字体显示类型（源代码\ch05\5.1.html）。

本实例通过 font-family 属性来定义网页中的字体样式，这里定义字体为"黑体"。

```
<!DOCTYPE html>
<html>
<head>
    <title>设置字体类型</title>
    <style type=text/css>
        p{font-family:黑体}    /*设置字体类型为黑体*/
    </style>
</head>
<body>
<p align=center>厚德载物.</p>
</body>
</html>
```

运行结果如图 5-1 所示。可以看到文字居中并以黑体显示。

图 5-1　字体类型显示效果

提示：在设计页面时，一定要考虑字体的显示问题，为了保证页面达到预期的效果，最好提供多种字体类型，并且最好以最基本的字体类型作为最后一个。例如如下示例：

```
p{font-family:华文彩云,黑体,宋体}
```

5.1.2　定义字体大小

在 CSS3 规定中，通常使用 font-size 设置文字大小。语法格式如下：

```
{font-size :数值}
```

这里的数值需要添加单位。单位可以是绝对单位，也可以是相对单位。绝对单位不会随着显示器的变化而变化。常用的绝对单位如表 5-1 所示。

表 5-1　常用的绝对单位

绝 对 单 位	说　　明
in	英寸
cm	厘米
mm	毫米
pt	磅
pc	pica，1pc=12pt

相对单位是指在量度时需要参照其他页面元素的单位值。使用相对单位所量度的实际距离可能会随着这些单位值的改变而改变。CSS 提供了 3 种相对单位：em、ex 和 px。

1. em

在 CSS 中，em 用于给定字体的 font-size 值，例如，一个元素字体大小为 12pt，那么 1em 就是 12pt，如果该元素字体大小改为 15pt，则 1em 就是 15pt。简单来说，无论字体大小是多少，1em 总是字体的大小值。em 的值总是随着字体大小的变化而变化的。

2. ex

ex 是以给定字体的小写字母 x 高度作为基准，对于不同的字体来说，小写字母 x 高度是不同的，所有 ex 单位的基准也不同。

3. px

px 也叫像素，这是目前使用最为广泛的一种单位，1px 也就是屏幕上的一个小方格。由于显示器有多种不同的尺寸，它的每个小方格大小是有所差别的，所以像素单位的标准也不都是一样的。通常情况下，浏览器会使用显示器的像素值作为标准。

【例 5-2】设置网页字体显示大小（源代码\ch05\5.2.html）。

本实例通过 font-size 属性来定义网页字体大小，这里定义字体大小分别为 10px 和 25px。

```
<!DOCTYPE html>
<html>
<head>
```

```
<title>设置字体大小</title>
</head>
<body>
<p style="font-size:10px">再努力一点点,也许会更好! </p>
<p style="font-size:25px">再努力一点点,也许会更好! </p>
</body>
</html>
```

运行结果如图 5-2 所示。可以看到网页中文字被设置为不同的大小。

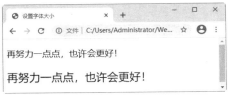

图 5-2　字体大小显示效果

5.1.3　定义文字的颜色

在 CSS3 样式中，通常使用 color 属性来设置颜色。语法格式如下：

```
{color :属性值}
```

属性值通常使用如表 5-2 所示的方式设定。

表 5-2　color 属性值

属性值	说　　明
color_name	规定颜色值为颜色名称的颜色（例如 red）
hex_number	规定颜色值为十六进制值的颜色（例如#ff0000）
rgb_number	规定颜色值为 RGB 代码的颜色（例如 rgb(255,0,0)）
inherit	规定从父元素继承颜色
hsl_number	规定颜色值为 HSL 代码的颜色（例如 hsl(0,75%,50%)），此为 CSS3 新增加的颜色表现方式
hsla_number	规定颜色值为 HSLA 代码的颜色（例如 hsla(120,50%,50%,1)），此为 CSS3 新增加的颜色表现方式
rgba_number	规定颜色值为 RGBA 代码的颜色（例如 rgba(125,10,45,0.5)），此为 CSS3 新增加的颜色表现方式

在 CSS3 中，文字颜色通常使用 color 属性来设置。如果对颜色的表示方法还不熟悉，建议在网上检索相关信息。

【例 5-3】设置网页字体显示颜色（源代码\ch05\5.3.html）。

本实例通过 color 属性来定义网页字体颜色，这里使用了多种颜色定义方式。

```
<!DOCTYPE html>
<html>
<head>
    <title>字体颜色</title>
    <style type="text/css">
        body {color:red; font-size:20px }
        h1 {color:#00ff00}
        p.ex {color:rgb(0,0,255)}
        p.hs{color:hsl(0,75%,50%)}
        p.ha{color:hsla(120,50%,50%,1)}
        p.ra{color:rgba(125,10,45,0.5)}
    </style>
</head>
```

```
<body>
<h1>《泊船瓜洲》</h1>
<p>春风又绿江南岸,明月何时照我还?
</p>
<p class="ex">春风又绿江南岸,明月何时照我还?（该段落定义了class="ex",文本是蓝色的.）</p>
<p class="hs">春风又绿江南岸,明月何时照我还?（此处使用 HSL 构建颜色.）</p>
<p class="ha">春风又绿江南岸,明月何时照我还?（此处使用 HSLA 构建颜色.）</p>
<p class="ra">春风又绿江南岸,明月何时照我还?（此处使用 RGBA 构建颜色.）</p>
</body>
</html>
```

运行结果如图 5-3 所示。可以看到文字以不同颜色显示，并采用了不同的颜色取值方式。

图 5-3　color 属性显示效果

5.1.4　定义文本的水平对齐方式

在 CSS3 中，可以通过 text-align 属性设置文本的水平对齐方式。语法格式如下：

```
{text-align:属性值}
```

与 CSS 2.1 相比，CSS3 增加了 start、end 属性值。text-align 常用属性值含义如表 5-3 所示。

表 5-3　text-align 属性值

属　性　值	说　　明
start	文本在行内的开始边缘对齐
end	文本在行内的结束边缘对齐
left	文本在行内左对齐
right	文本在行内右对齐
center	文本在行内居中对齐
justify	文本在行内两端对齐，均匀分布

在新增加的属性值中，start 和 end 属性值主要是针对行内元素的，即在包含元素的头部或尾部显示。

【例 5-4】设置网页文本的水平对齐方式（源代码\ch05\5.4.html）。

本实例通过 text-align 属性来定义网页文本的水平对齐方式，这里显示了多种对齐效果。

```
<!DOCTYPE html>
<html>
<head>
    <title>文本的水平对齐方式</title>
</head>
<body>
<h1 style="text-align:center">《登幽州台歌》</h1>
```

```
<p style="text-align:left">选自: </p>
<p style="text-align:right">唐诗三百首</p>
<p style="text-align:justify">前不见古人,后不见来者.</p>
<p style="text-align:start">念天地之悠悠,</p>
<p style="text-align:end">独怆然而涕下.</p>
</body>
</html>
```

运行结果如图 5-4 所示。可以看到文字在水平方向上以不同的对齐方式显示。

图 5-4 对齐显示效果

5.2 图片相关属性

在网页设计中，图片是直观、形象的，一张好的图片会给网页带来较高的点击率。因此，使用 CSS3 设计图片样式是网页设计的一项重要工作。

5.2.1 定义文字环绕图片的样式

在 CSS3 中，可以使用 float 属性定义文字环绕图片效果。float 属性主要定义元素在哪个方向浮动，一般情况下这个属性应用于图像，使文本围绕在图像周围。语法格式如下：

```
float : none | left | right
```

none 为默认值，对象不漂浮；left 表示文本流向对象的左边；right 表示文本流向对象的右边。

【例 5-5】设置文字环绕图片显示效果（源代码\ch05\5.5.html）。

本实例通过 float 属性来设置文字与图片的环绕效果，包括左环绕效果与右环绕效果。

```
<!DOCTYPE html>
<html>
<head>
    <title>文字环绕图片</title>
    <style>
        img{
            max-width:100px;            /*设置图片的最大宽度*/
            float:left;                 /*设置图片浮动居左显示*/
        }
    </style>
</head>
<body>
<p>
    美味的冰糖心苹果.
    <img src="images/02.jpg">
    冰糖心苹果是产于阿克苏的一种苹果,因其果核部糖分堆积成透明状,故称之为"冰糖心"苹果.
```

　　　　阿克苏是高海拔区域,昼夜温差大、光照充足、土壤肥沃,使苹果含糖量高,口味特别甜;当地采用冰川雪水浇
灌、沙性土壤栽培,生产出了"糖心"红富士苹果.
　　　　</p>
　　　　</body>
　　　　</html>

　　运行结果如图 5-5 所示,可以看到图片被文字所环绕,并在文字的左方显示。如果将上述代码
中 float 属性的值设置为 right,其图片会在文字右方显示并被环绕,如图 5-6 所示。

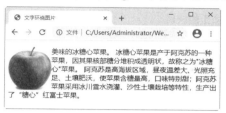 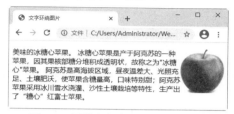

图 5-5　图片在文字左侧环绕的效果　　　　　　　图 5-6　图片在文字右侧环绕的效果

5.2.2　定义图片与文字的间距

　　如果需要设置图片和文字之间的距离,即让图片与文字之间保持一定的间距,不是紧紧环绕的,
可以使用 CSS3 中的 padding 属性来设置。语法格式如下:

```
padding :padding-top | padding-right | padding-bottom | padding-left
```

其中 padding-top 用来设置距离顶部的内边距;padding-right 用来设置距离右侧的内边距;padding-
bottom 用来设置距离底部的内边距;padding-left 用来设置距离左侧的内边距。

　　【例 5-6】设置图片与文字的间距（源代码\ch05\5.6.html）。

　　本实例通过 padding 属性来设置文字与图片的间距,从而实现更为合理的排版效果。

```
<!DOCTYPE html>
<html>
<head>
    <title>图片与文字的间距设置</title>
    <style>
        img{
            max-width:100px;          /*设置图片的最大宽度*/
            float:left;               /*设置图片的居左方式*/
            padding-top:10px;         /*设置图片距离顶部的内边距*/
            padding-right:50px;       /*设置图片距离右侧的内边距*/
            padding-bottom:10px;      /*设置图片距离底部的内边距*/
        }
    </style>
</head>
<body>
<p>
    美味的冰糖心苹果.
    <img src="images/02.jpg">
    冰糖心苹果是产于阿克苏的一种苹果,因其果核部糖分堆积成透明状,故称之为"冰糖心"苹果.
    阿克苏是高海拔区域,昼夜温差大、光照充足、土壤肥沃,使苹果含糖量高,口味特别甜;阿克苏苹果采用冰川
雪水浇灌、沙性土壤栽培等特性,生产出了"糖心"红富士苹果.
</p>
</body>
</html>
```

　　运行结果如图 5-7 所示,可以看到图片被文字所环绕,并且文字和图片右边间距为 50px,上下
各为 10px。

图 5-7　设置图片和文字边距的效果

5.3　边框相关属性

边框类似于表格的外边线，在 CSS3 中，可以使用 border-style、border-width 和 border-color 三个属性分别描述边框的样式、宽度和颜色。

5.3.1　边框样式

border-style 属性用于设定边框的样式，语法格式如下：

```
border-style : none | hidden | dotted | dashed | solid | double | groove | ridge | inset | outset
```

CSS3 设定了 10 种边框样式，如表 5-4 所示。

表 5-4　边框样式

属　性　值	说　　　明
none	无边框，无论边框宽度设为多大
hidden	与 none 相同。应用于表格时除外，对于表格，hidden 用于解决表格的边框冲突
dotted	点线式边框
dashed	破折线式边框
solid	直线式边框
double	双线式边框
groove	槽线式边框
ridge	脊线式边框
inset	内嵌效果的边框
outset	凸起效果的边框

另外，如果需要单独定义边框某一条边的样式，可以使用如表 5-5 所列的属性来定义。

表 5-5　各边样式属性

属　　　性	说　　　明
border-top-style	设定上边框的样式
border-right-style	设定右边框的样式
border-bottom-style	设定下边框的样式
border-left-style	设定左边框的样式

【例 5-7】 为网页图片添加不同样式的边框（源代码\ch05\5.7.html）。

本实例通过 border-style 属性为图片添加不同样式的边框，还分别设置了图片各个边框的样式。

```
<!DOCTYPE html>
<html>
<head>
<meta charset="utf-8">
<title>边框样式</title>
<style>
.pic1{
    border-style:dotted;             /*设置边框样式*/
    color: black;                    /*设置边框颜色*/
    max-width:100px;                 /*设置图片的最大宽度*/
}
.pic2{
    max-width:100px;                 /*设置图片的最大宽度*/
    border-left-style:solid;         /*左边框样式*/
    border-right-style:dotted;       /*右边框样式*/
    border-top-style:double;         /*顶边框样式*/
    border-bottom-style:dashed;      /*底边框样式*/
}

</style>
</head>
<body>
<img src="images/03.jpg" class="pic1"/>
<img src="images/04.jpg" class="pic2"/>
</body>
</html>
```

运行结果如图 5-8 所示，可以看到网页中第一张图片的边框样式为点线式边框；第二张图片的四条边框样式都不一样。

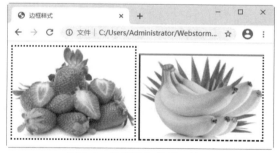

图 5-8　设置边框的显示效果

☆**大牛提醒**☆

在没有设定边框颜色的情况下，groove、ridge、inset 和 outset 边框默认的颜色是灰色。dotted、dashed、solid 和 double 四种边框的颜色基于页面元素的颜色值。

这几种边框样式还可以分别定义在一张图片中，从上边框开始按照顺时针的方向分别定义边框的上、右、下、左边框样式，从而形成多样式边框效果。例如下面的使用示例：

```
p{border-style:dotted solid dashed groove}
```

5.3.2　边框颜色

border-color 属性用于设定边框颜色，语法格式如下：

```
border-color : color
```

color 表示指定颜色，其颜色值通过十六进制或 RGB 等方式获取。与边框样式属性类似，border-color 属性可以为边框设定一种颜色，也可以同时设定四条边的颜色。可以使用如表 5-6 所示的属性为相应的边框单独设定颜色。

表 5-6　各边框颜色属性

属　　性	说　　明
border-top-color	设定上边框颜色
border-right-color	设定右边框颜色
border-bottom-color	设定下边框颜色
border-left-color	设定左边框颜色

【例 5-8】设置网页图片边框的颜色（源代码\ch05\5.8.html）。

本实例通过 border-color 属性来为图片添加不同颜色的边框，还可以为一张图片分别设置各条边框的颜色。

```
<!DOCTYPE html>
<html>
<head>
    <title>边框颜色</title>
    <style>
        .pic1{
            border-style:dotted;                    /*设置边框样式*/
            border-color:red;                       /*设置边框颜色*/
            max-width:250px;                        /*设置图片的最大宽度*/
        }
        .pic2{
            border-style:double;                    /*设置边框样式*/
            border-color: red blue yellow green;    /*设置边框颜色*/
            max-width:250px;                        /*设置图片的最大宽度*/
        }
        .pic3{
            max-width:250px;                        /*设置图片的最大宽度*/
            border-left-style:solid;                /*设置左边框样式*/
            border-left-color:#33CC33;              /*设置左边框颜色*/
            border-right-style:solid;               /*设置右边框样式*/
            border-right-color:#FF00FF;             /*设置右边框颜色*/
            border-top-style:solid;                 /*设置上边框样式*/
            border-top-color:#3300FF;               /*设置上边框颜色*/
            border-bottom-style:solid;              /*设置下边框样式*/
            border-bottom-color:#666;               /*设置下边框颜色*/
        }
    </style>
</head>
<body>
<img src="images/03.jpg"  class="pic1"/>
<img src="images/04.jpg"  class="pic2"/>
<img src="images/05.jpg"  class="pic3"/>
</body>
</html>
```

运行结果如图 5-9 所示，可以看到网页中除设置了图片边框的样式外，还设置了图片边框颜色，第一张图片的边框颜色设置为红色，第二张图片的边框颜色分别设置为红、蓝、黄和绿，第三张图片的边框颜色分别设置为蓝、绿、灰和玫红。

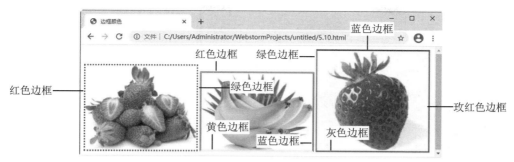

图 5-9　设置边框颜色

5.3.3　边框线宽

在 CSS3 中，可以通过设定边框线宽来增强边框效果。border-width 属性就是用来设定边框宽度的，其语法格式如下：

```
border-width : medium | thin | thick | length
```

预设有三种属性值：medium、thin 和 thick。另外还可以自行设置宽度（width），如表 5-7 所示。

表 5-7　border-width 属性

属 性 值	说　　明
medium	缺省值，中等宽度
thin	比 medium 细
thick	比 medium 粗
length	自定义宽度

另外，还可以分别设置四条边框的宽度。表 5-8 所示的属性可以分别为边框设定宽度。

表 5-8　各边框宽度属性

属　　性	说　　明
border-top-width	设定上边框宽度
border-right-width	设定右边框宽度
border-bottom-width	设定下边框宽度
border-left-width	设定左边框宽度

【例 5-9】为网页图片添加相框效果（源代码\ch05\5.9.html）。

本实例通过 border-width 属性来为图片添加不同宽度的边框，还可以分别设置图片各条边框的宽度。

```
<!DOCTYPE html>
<html>
<head>
    <title>相框效果</title>
    <style>
        img {
            height:300px;
            border-left-style:solid;
            border-left-color:#33CC33;
            border-left-width:10px;
            border-right-style:solid;
```

```
            border-right-color:#00FF00;
            border-right-width:10px;
            border-top-style:solid;
            border-top-color:#3300FF;
            border-top-width:20px;
            border-bottom-style:solid;
            border-bottom-color:#666;
            border-bottom-width:20px;
        }
    </style>
</head>
<body>
<img src="images/06.jpg"/>
</body>
</html>
```

运行结果如图 5-10 所示，可以看到网页中图片的四条边框以不同的宽度、颜色和样式显示。

图 5-10　分别设置四条边框样式的效果

5.3.4　边框半径

在 CSS3 标准没有制定之前，如果想要实现圆角效果，需要花费很大的精力，但在 CSS3 标准推出之后，网页可以使用 border-radius 轻松实现圆角效果，语法格式如下：

```
border-radius: none | <length>{1,4} [ / <length>{1,4} ]?
```

其中 none 为默认值，表示元素没有圆角；<length>表示由浮点数字和单位标识符组成的长度值，不可为负值。例如设置边框角度为 20px，CSS 规则如下：

```
border-radius:20px;                    /*设置边框的角度*/
```

1. 绘制圆角边框

border-radius 属性可以包含两个参数值：第一个参数表示圆角的水平半径，第二个参数表示圆角的垂直半径，两个参数通过斜线（/）隔开。例如：

```
border-radius:5px/50px;                /*设置边框圆角的半径*/
```

如果仅含一个参数值，则第二个值与第一个值相同，表示的是一个 1/4 的圆。如果参数值中包含 0，则表示矩形，不会显示为圆角。

【例 5-10】为网页图片添加圆角边框效果（源代码\ch05\5.10.html）。

本实例通过 border-radius 属性来为图片添加不同角度的边框，也就是为图片添加圆角边框。

```
<!DOCTYPE html>
<html>
```

```
<head>
<title>圆角边框设置</title>
<style>
.pic1{
    border:10px solid red;
    width:200px;
    height:180px;
    border-radius:5px/50px;          /*设置边框圆角的半径*/
}
.pic2{
    border:10px solid red;
    width:200px;
    height:180px;
    border-radius:50px/5px;          /*设置边框圆角的半径*/
}
</style>
</head>
<body>
<img src="images/07.jpg" class="pic1"/>
<img src="images/07.jpg" class="pic2"/>
</body>
</html>
```

运行结果如图 5-11 所示，可以看到网页中显示了两个带有圆角边框的图片，第一张图片圆角边框的半径为 5px/50px，第二张图片圆角边框的半径为 50px/5px。

图 5-11　定义不同半径圆角边框的效果

2. 绘制 4 个不同圆角边框

在 CSS3 中，实现 4 个不同圆角边框，其方法有两种：一是通过 border-radius 属性设置，二是使用 border-radius 衍生属性设置。

利用 border-radius 属性可以绘制 4 个不同圆角的边框，如果直接给 border-radius 属性赋 4 个值，这 4 个值将按照 top-left、top-right、bottom-right、bottom-left 的顺序来设置。如果 bottom-left 值省略，其圆角效果与 top-right 效果相同；如果 bottom-right 值省略，其圆角效果与 top-left 效果相同；如果 top-right 的值省略，其圆角效果与 top-left 效果相同。如果为 border-radius 属性设置 4 个值的集合参数，则每个值表示对应角的圆角半径。

利用 border-radius 衍生属性可以直接指定圆角的半径，如表 5-9 所示。

表 5-9　border-radius 衍生属性

属　　性	说　　明
border-top-right-radius	定义右上角圆角
border-bottom-right-radius	定义右下角圆角
border-bottom-left-radius	定义左下角圆角
border-top-left-radius	定义左上角圆角

【例 5-11】为网页图片添加不同的圆角效果（源代码\ch05\5.11.html）。

本实例通过 border-radius 属性及其衍生属性来为图片添加不同角度的边框，即为图片添加不同的圆角边框。

```
<!DOCTYPE html>
<html>
<head>
<title>设置圆角边框</title>
<style>
.pic1{
    border:5px solid blue;
    height:100px;
    border-radius:10px 30px 50px 70px;      /*设置边框圆角的四个角度值*/
}
.pic2{
    border:5px solid blue;
    height:100px;
    border-radius:10px 50px 70px;           /*设置边框圆角的三个角度值*/
}
.pic3{
    border:5px solid blue;
    height:100px;
    border-radius:10px 50px;                /*设置边框圆角的两个角度值*/
}
.pic4{
    border:10px solid blue;
    height:100px;
    border-top-left-radius:70px;            /*设置边框左上角的角度值*/
    border-bottom-right-radius:40px;        /*设置边框右下角的角度值*/
}
</style>
</head>
<body>
<img src="images/08.jpg" class="pic1"/>
<img src="images/09.jpg" class="pic2"/>
<img src="images/10.jpg" class="pic3"/>
<img src="images/11.jpg" class="pic4"/>
</body>
</html>
```

运行结果如图 5-12 所示。

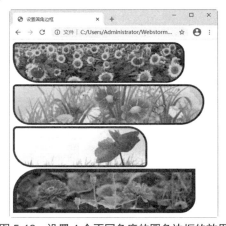

图 5-12 设置 4 个不同角度的圆角边框的效果

5.4　背景相关属性

CSS3 中的 background 属性具有强大的背景图像控制能力，用好 background，可以设计出更具创意的页面效果。

5.4.1　设置背景颜色

background-color 属性用于设定网页背景色，同前景色的 color 属性一样，background-color 属性接受任何有效的颜色值，而对于没有设定背景色的标记，默认背景色为透明。语法格式如下：

```
{background-color: transparent | color}
```

其中关键字 transparent 是默认值，表示透明；背景颜色 color 设定方法可以采用英文单词、十六进制、RGB 等。

【例 5-12】定义背景色为浅粉色，营造一种初春的色彩效果（源代码\ch05\5.12.html）。

本实例通过 background-color 属性来定义背景色的颜色，再通过添加图片、文字来营造一种初春的色彩效果。

```html
<!DOCTYPE html>
<html>
<head>
    <title>背景色设置</title>
    <style type="text/css">
        body{
            background-color: #EDA9B0;            /*设置页面背景色*/
            margin:0px;
            padding:0px;
        }
        img{
            width:350px;                          /*设置图片宽度*/
            float:right;                          /*右浮动*/
        }
        p{
            font-size:15px;
            font-weight:bold;
            padding-left:10px;
            padding-top:8px;
            line-height:1.6em;                    /*设置行高*/
        }
        h1{
            font-size:80px;                       /*首字放大显示*/
            font-family:黑体;                      /*字体为黑体*/
            float:left;                           /*左浮动,脱离文本行限制*/
            padding-right:5px;                    /*定义下沉字体周围空隙*/
            padding-left:10px;
            padding-top:8px;
            margin:24px 6px 2px 6px;
        }
    </style>
</head>
<body>
<h1>春</h1>
<p><img src="images/12.jpg"></p>
<p>盼望着,盼望着,东风来了,春天的脚步近了.</p>
<p>一切都像刚睡醒的样子,欣欣然张开了眼.山朗润起来了,水涨起来了,太阳的脸红起来了.</p>
<p>小草偷偷地从土里钻出来,嫩嫩的,绿绿的.园子里,田野里,瞧去,一大片一大片满是的.坐着,躺着,打两个
```

```
滚,踢几脚球,赛几趟跑,捉几回迷藏.风轻悄悄的,草软绵绵的.</p>
    </body>
    </html>
```

运行结果如图 5-13 所示，可以看到网页背景色显示浅粉色，字体颜色为黑色，加上图片和《春》这篇美文，春天的感觉跃然表现在网页上了。

图 5-13　设置背景色的效果

5.4.2　设置背景图像

使用 background-image 属性可以设置背景图像，通常情况下，在标记<body>中应用，将图像用于整个主体中。语法格式如下：

```
background-image : none | url (url)
```

其默认属性是无背景图，当需要使用背景图像时可以用 url 进行导入，url 可以使用绝对路径，也可以使用相对路径。

提示：如果使用的背景图像是 gif 或 png 格式的透明图像，再设置背景颜色 background-color，则背景图像和背景颜色将同时生效。另外，在网页设计时，其背景色不要使用太艳的颜色，否则会给人喧宾夺主的感觉。

【例 5-13】定义背景图像与背景颜色，制作墙纸色彩效果（源代码\ch05\5.13.html）。

本实例通过 background-image 属性来定义背景图像，再通过添加背景颜色，实现墙纸效果。

```
<!DOCTYPE html>
<html>
<head>
<title>背景图像设置</title>
<style>
body{
    background-image:url(images/001.gif);      /*设置背景图片*/
    background-color:#d4F000;                   /*设置背景颜色*/
   }
</style>
<head>
<body>
</body>
</html>
```

运行结果如图 5-14 所示，可以看到网页中显示背景图像，同时显示背景色。由于背景图像尺寸小于整个网页大小，此时图像为了填充整个网页，会重复出现并铺满整个网页。

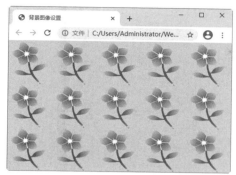

图 5-14　设置背景图像的效果

注意：在设定背景图像时，最好同时设定背景色，这样当背景图像因某些原因无法正常显示时，可以使用背景色来代替。当然，如果背景图像正常显示，背景图像会覆盖背景色。

5.4.3　平铺背景图像

在 CSS3 中可以通过 background-repeat 属性定义背景图像的平铺方式，包括水平重复、垂直重复和不重复等。语法格式如下：

```
background-repeat : repeat- x | repeat- y | repeat | no- repeat | space | round
```

space 和 round 值是 CSS3 新增的，早期版本的浏览器暂不支持，属性值说明如表 5-10 所示。

表 5-10　background-repeat 属性

属 性 值	说　　明
repeat	背景图像水平和垂直方向都重复平铺
repeat-x	背景图像水平方向重复平铺
repeat-y	背景图像垂直方向重复平铺
no-repeat	背景图像不重复平铺
round	背景图像自动缩放，直到适应且填充满整个容器
space	背景图像以相同的间距平铺且填充满整个容器或某个方向

【例 5-14】 平铺背景图像制作一个美食 DIY 公告页面（源代码\ch05\5.14.html）。

本实例通过 background-repeat 属性来平铺背景图像，再通过添加图片和设置文字样式实现美食 DIY 公告页面。

```
<!DOCTYPE html>
<html>
<head>
    <title>平铺背景图片</title>
    <style>
        body {
            background-image:url(images/tiao.jpg);
            background-repeat: repeat-x;              /*设置背景图片的平铺方式*/
        }
        .container {
            text-align:center;
            background-color:#d3eeeb;                 /*设置背景颜色*/
            width:800px;
            height:720px;
```

```
            margin:0 auto;
        }
        .header {
            width:800px;
        }
        .content {
            background-color:#fff;
            width:800px;
        }
        table {
            text-align:center;
            width:790px;
            margin:5px;
        }
        .l1 {
            width:270px;
            height:210px;
            background-image:url(images/left1.jpg);        /*设置背景图片*/
        }
        .l2 {
            width:270px;
            height:270px;
            background-image:url(images/left2.jpg);        /*设置背景图片*/
        }
        .r1 {
            width:520px;
            height:210px;
            background-image:url(images/right1.jpg);
        }
        .r2 {
            width:520px;
            height:270px;
            background-image:url(images/right2.jpg);
        }
    </style>
</head>
<body>
<div class="container">
    <div class="header"><img src="images/bg.jpg" /></div>
    <div class="content">
        <table cellspacing="0" cellpadding="0">
            <tr>
                <td class="l1"></td>
                <td class="r1"></td>
            </tr>
            <tr>
                <td class="l2"></td>
                <td class="r2"></td>
            </tr>
        </table>
    </div>
</div>
</body>
</html>
```

运行结果如图 5-15 所示，使用 background-repeat 属性设置了背景图像水平方向居中平铺显示。

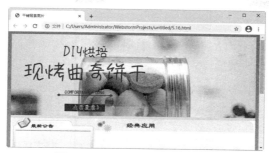

图 5-15　水平方向平铺显示效果

5.4.4　定位背景图像

默认情况下，背景图像的位置在网页的左上角，但在实际网页设计中可以根据需要指定背景图像的位置。在 CSS3 中，可以通过 background-position 属性定位背景图像的显示位置。语法格式如下：

```
background-position:percentage | length | left | center | right | top | bottom
```

其参数值可以是百分数，如 background-position:40% 60%，表示背景图像的中心点在水平方向上处于 40% 的位置，垂直方向上处于 60% 的位置；也可以是具体的值，如 background-position:200px 40px，表示距离左侧 200px，距离顶部 40px。

background-position 属性值如表 5-11 所示。

表 5-11　background-position 属性值

属 性 值	说　　　明
length	设置图片在水平与垂直方向上的位置，后跟长度单位（cm、mm、px 等）
percentage	以页面元素框的宽度或高度的百分比放置图片
top	背景图像在垂直方向上填充，从顶部开始
center	背景图像在水平方向和垂直方向居中
bottom	背景图像在垂直方向上填充，从底部开始
left	背景图像在水平方向上填充，从左边开始
right	背景图像在水平方向上填充，从右边开始

提示：垂直对齐值还可以与水平对齐值一起使用，从而决定图片的垂直位置和水平位置。

【例 5-15】定位网页背景图像的位置（源代码\ch05\5.15.html）。

本实例通过 background-position 属性来定位网页背景图像的位置，从而实现不同的排版效果。

```
<!DOCTYPE html>
<html>
<head>
    <title>定位网页背景图像</title>
    <style type="text/css">
        body{
            background-color:#EDA9B0;                      /*设置页面背景色*/
            margin:0px;
            padding:0px;
            background-image:url(images/14.jpg);           /*添加背景图片*/
            background-repeat:no-repeat;                    /*设置背景图片的平铺方式*/
            background-position: bottom right;              /*设置背景图片定位方式*/
        }
```

```
        p{
            line-height:1.8em;
            font-weight:bold;
            font-size:15px;
            margin:0px;
            padding-top:10px;
            padding-left:10px;
            padding-right:250px;
        }
    </style>
</head>
<body>
<h1>春</h1>
<p>盼望着,盼望着,东风来了,春天的脚步近了.</p>
<p>一切都像刚睡醒的样子,欣欣然张开了眼.山朗润起来了,水涨起来了,太阳的脸红起来了.</p>
<p>小草偷偷地从土里钻出来,嫩嫩的,绿绿的.园子里,田野里,瞧去,一大片一大片满是的.坐着,躺着,打两个
滚,踢几脚球,赛几趟跑,捉几回迷藏.风轻悄悄的,草软绵绵的.</p>
</body>
</html>
```

运行结果如图 5-16 所示，可以看到网页的右下角显示背景图像。

如果需要在页面中自由地定义图片的位置，则需要使用确定数值或百分比。此时可以将上面代码中的语句：

```
background-position: bottom right;
```

修改为：

```
background-position:300px 120px
```

运行结果如图 5-17 所示，可以看到网页中同样显示了背景图像，其背景图像是从左上角开始，但并不是（0，0）坐标位置开始，而是从（300，120）坐标位置开始。

图 5-16　设置背景图像位置显示效果　　　　图 5-17　指定背景图像位置显示效果

5.4.5　设置背景图像大小

使用 CSS3 中的 background-size 属性可以轻松控制背景图片大小，语法格式如下：

```
background-size : [ <length> | <percentage> | auto ]{1,2} | cover | contain
```

其参数值含义如表 5-12 所示。

表 5-12　background-size 属性参数值

参 数 值	说　　明
<length>	由浮点数字和单位标识符组成的长度值，不可为负值
<percentage>	取值为 0～100%，不可为负值
cover	保持背景图像本身的宽高比例，将图片缩放到正好完全覆盖所定义的背景区域
contain	保持图像本身的宽高比例，将图片缩放到宽度或高度正好适应所定义的背景区域

【例 5-16】设计自适应模块大小的背景图像（源代码\ch05\5.16.html）。

本实例通过 background-size 属性来设置背景图像的大小，实现模块大小与图片大小一致。

```html
<!DOCTYPE html>
<html>
<head>
    <title>背景图像的大小</title>
    <style type="text/css">
        div{
            margin:2px;
            float:left;                              /*浮动定位*/
            border:solid  2px red;                   /*设置边框样式、粗细、颜色*/
            background-image:url(images/03.jpg);     /*添加背景图片*/
            background-repeat:no-repeat;             /*设置背景图片的平铺方式*/
            background-position:center;              /*设置背景图片的定位方式*/
            background-size:cover;                   /*设置背景图片的大小*/
        }
        .h1{height:120px; width:192px;}
        .h2{height:240px; width:384px;}
    </style>
</head>
<body>
<div class="h1"></div>
<div class="h2"></div>
</body>
</html>
```

运行结果如图 5-18 所示,这里网页添加了两个模块并设置了它们的大小,再借助 background-size 的属性值 cover，让背景图像自适应模块的大小，从而设计与模块大小完全适应的背景图像。

图 5-18　设定背景图像大小的显示效果

5.5　新手疑难问题解答

问题 1：line-height 与 height 有什么区别？

解答：line-height 和 height 都能撑开一个高度，如果一个标记中没有定义 height 属性，那么其最终表现的高度由 line-height 决定，而不是由容器内的文字内容决定。另外，如果将 line-height 属性值与 height 属性值设置为相同值，可以实现单行文字的垂直居中。

问题 2：为什么网页中的背景图像不显示？是不是路径有问题？

解答：当网页中的背景图片无法正常显示时，可以查看源码中图片的路径和图片格式是否正确。另外，如果没有为标记定义宽度和高度，也有可能导致标记的背景图片无法正常显示。

5.6　实战训练

实战 1：制作文字环绕图片页面。

编写 HTML 代码，通过设置图像与文本之间的对齐方式，制作一个文字环绕图片的网页，运行效果如图 5-19 所示。

图 5-19　文字环绕图片效果

实战 2：制作购物网站中的登录界面。

在购物网站中，有时登录界面也会出现背景图片，下面通过设置背景图片的位置、重复方式以及背景颜色来模拟制作一个购物网站中的登录界面。运行效果如图 5-20 所示。

图 5-20　购物网站登录界面效果

第6章
CSS3 的高级应用

在设计网页时，把每个元素都精确定位到合理位置，才是构建美观大方页面的前提，这就需要用到 CSS3 的盒子模型。另外，CSS3 新增了动画和过渡属性，可以实现图像的过渡和动画效果。本章就来介绍 CSS3 的这些高级应用。

6.1　盒子模型

CSS3 中，所有的页面元素都可以包含在一个矩形框内，这个矩形框称为盒子。盒子模型是由 margin（边界）、border（边框）、padding（空白）和 content（内容）几个属性组成的。此外，在盒子模型中，还具备高度和宽度两个辅助属性。盒子模型示意图如图 6-1 所示。

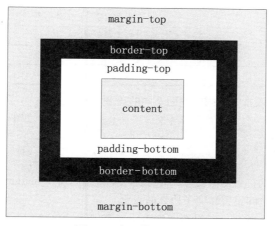

图 6-1　盒子模型效果图

从图 6-1 中可以看出，盒子模型包含如下四个部分：
- content：内容是盒子模型中必不可少的一部分，内容可以是文字、图片等元素。
- padding：也称内边距或补白，用来设置内容和边框之间的距离。
- border：可以设置内容边框线的粗细、颜色和样式等，前面已经介绍过。
- margin：外边距，用来设置内容与内容之间的距离。

一个盒子的实际高度（宽度）是由 content+padding+border+margin 组成的。在 CSS3 中，可以通过设定 width 和 height 控制 content 的大小，并且对于任何一个盒子，都可以分别设定 4 条边的 border、padding 和 margin。

6.1.1 盒子模型的外边距

margin 用来设置页面中元素和元素之间的距离，即定义元素周围的空间范围，是页面排版中一个比较重要的概念。语法格式如下：

```
margin : auto | length
```

其中 auto 表示根据内容自动调整；length 表示由浮点数字和单位标识符组成的长度值或百分数。

margin 属性可以有 1～4 个值。例如：

```
margin:25px 50px 75px 100px;
```

表示盒子模型的上边距为 25px、右边距为 50px、下边距为 75px、左边距为 100px。

```
margin:25px 50px 75px;
```

表示盒子模型的上边距为 25px、左右边距均为 50px、下边距为 75px。

```
margin:25px 50px;
```

表示盒子模型的上下边距均为 25px、左右边距均为 50px。

```
margin:25px;
```

表示盒子模型的 4 个边距都是 25px。

margin 是一个复合属性，CSS3 为其定义了 4 个子属性，即一个页面元素四周的边距样式，如表 6-1 所示。

表 6-1　margin 属性子属性

属　　性	说　　明
margin-top	设置对象顶边的外边距
margin-bottom	设置对象底边的外边距
margin-left	设置对象左边的外边距
margin-right	设置对象右边的外边距

例如，在 CSS 中，可以指定不同的侧面不同的边距，代码如下：

```
margin-top:100px;
margin-bottom:100px;
margin-right:50px;
margin-left:50px;
```

如果希望精确控制块的位置，需要对 margin 有更深入的了解。margin 设置可以分为行内元素块之间设置、非行内元素块之间设置和父子块之间设置。

【例 6-1】制作美食网站中的"活动资讯"版块（源代码\ch06\6.1.html）。

本实例通过盒子模型制作一个"活动资讯"版块，并通过外边距调整页面的位置。

```
<!DOCTYPE html>
<html lang="en">
<head>
    <meta charset="UTF-8">
    <title>活动资讯</title>
    <style type="text/css">
        *{
            margin: 0; padding: 0;
        }
        .cont{
            width: 1090px;
            margin: 20px auto;
```

```
            height: 290px;
            background: url("images/bg.png") repeat;
        }
        .center{
            float: left;
            border:5px groove #B49668;
            margin: 20px 0 0 30px;
            background: #F6E1DC;
        }
        ul{
            margin:20px 30px;
            height: 135px;
            list-style: none;
        }
        h3{
            margin: 20px 30px 10px;
        }
        .left ul li{
            font-size: 18px;
            width: 80px;
            float: left;
            text-align: center;
            margin: 20px 20px 0;
            display: block;
            background: #FFD07D;
        }
        .center ul li{
            height: 25px;
            line-height: 25px;
        }
        .center ul li:hover{
            text-decoration:underline;
        }
        .right div{
            margin-top: 20px;
        }
        .right>:first-child{
            margin-top: 10px;
        }
        .right{
            float: left;
            margin: 20px 0 0 30px;
        }
    </style>
</head>
<body>
<div class="cont">
    <div class="center">
        <h3>最新资讯</h3><hr>
        <ul>
            <li>煎豆腐时,直接下锅煎容易碎? </li>
            <li>电饭锅做早餐面包的配方,比蒸馒头还香甜! </li>
            <li>教你玉米面新吃法,蒸一蒸咸香劲道.</li>
            <li>最暴露年龄的 6 种糖果.</li>
            <li>电饭锅就能做蛋糕,只用鸡蛋和面粉.</li>
            <li>懒人最喜欢的黑木耳做法.</li>
        </ul>
    </div>
    <div class="right">
        <div><img src="images/01.jpg" alt=""> </div>
```

```
        <div><img src="images/02.jpg" alt=""> </div>
    </div>
</div>
</body>
</html>
```

运行结果如图 6-2 所示。

图 6-2　活动资讯页面效果

6.1.2　盒子模型的边框

border 是内边距和外边距的分界线，可以分离不同的 HTML 元素。border 主要有 3 个属性，分别是边框样式（style）、颜色（color）和宽度（width），针对不同的属性及其子属性，使用这些属性可以定义盒子模型的边框样式。

【例 6-2】制作一个人员信息表（源代码\ch06\6.2.html）。

本实例通过 border 属性为盒子模型添加边框，从而实现表格样式。

```
<!DOCTYPE html>
<html lang="en">
<head>
    <meta charset="UTF-8">
    <title>边框的使用</title>
    <style type="text/css">
        .cont{
            width: 800px;
            height: 600px;
            margin: 0 auto;
        }
        .cont ul li{
            float: left;
            list-style: none;
            width: 150px;
            padding: 10px 20px;
            border: 1px double #fc0202;   /*设置盒子模型的边框样式*/
        }
    </style>
</head>
<body>
<h2 style="text-align:center">人员信息表</h2>
<div class="cont">
    <ul>
        <li>姓名</li>
        <li>年龄</li>
        <li>职业</li>
        <li>张宏亮</li>
```

```
            <li>38 岁</li>
            <li>高级教师</li>
            <li>陈小玉</li>
            <li>28 岁</li>
            <li>主治医师</li>
            <li>张晓琳</li>
            <li>35 岁</li>
            <li>注册会计师</li>
            <li>刘建立</li>
            <li>41 岁</li>
            <li>工程监理</li>
        </ul>
    </div>
</body>
</html>
```

运行结果如图 6-3 所示。

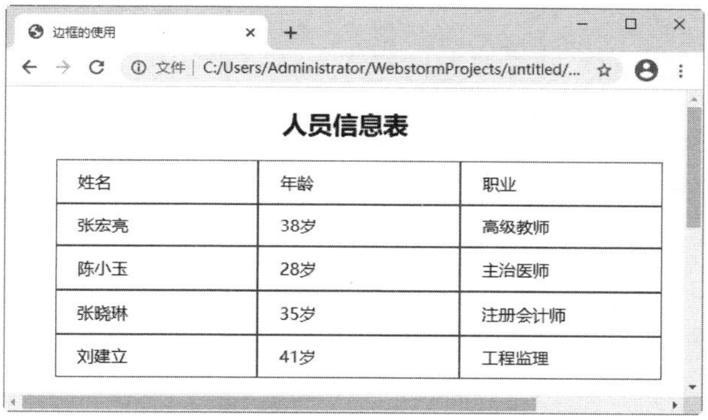

图 6-3　人员信息表效果

6.1.3　盒子模型的内边距

在 CSS3 中，可以设置 padding 属性定义内容与边框之间的距离，即内边距的距离。语法格式如下：

```
padding : length
```

padding 属性值可以是一个具体的长度，也可以是一个相对于上级元素的百分比数值，但不可以使用负值。

【例 6-3】制作一个新品专区版块（源代码\ch06\6.3.html）。

本实例通过 padding 属性为盒子模型添加内边距，实现购物网站中的新品专区版块。

```
<!DOCTYPE html>
<html>
<head>
    <title>padding</title>
    <style type="text/css">
        .wai{
            float:left;
            width:280px;
            height:280px;
            margin:10px;
            border:1px #993399 solid;
        }
        img{
```

```
        max-height:220px;
        padding-left:30px;
        padding-top:10px;
    }
    p{
        text-align:center;
    }
</style>
</head>
<body>
<h4 style="text-align:center">新品专区</h4>
<div class="wai">
    <img src="images/03.jpg"/>
    <p>丰岛鲜果捞 桔子水果罐头</p>
</div>
<div class="wai">
    <img src="images/04.jpg"/>
    <p>漳州土芭乐 软糯软芭乐</p>
</div>
</body>
</html>
```

运行结果如图 6-4 所示，可以看到一个 div 层中，显示了一张图片。此图片可以看作是一个盒子模型，并定义了图片的左内边距和上内边距的效果。可以看出，内边距其实是对象 img 和外层 div 之间的距离。

图 6-4　新品专区模块效果

6.1.4　盒子模型的高度和宽度

CSS 使用 width 和 height 定义内容区域的大小，语法格式如下：

```
width:length | percentage |auto
height:length | percentage | auto
```

取值说明如下：
- auto：默认值，无特定宽度或高度值，取决于其他属性值。
- length：用长度值定义宽度或高度，不允许为负值。
- percentage：用百分比定义宽度或高度，不允许为负值。

☆大牛提醒☆

在网页布局中，元素所占用的空间不仅包括内容区域，还要考虑边界、边框和补白区域。因此，要区分下面 3 个概念：

- 元素总高度和总宽度：包括边界、边框、补白、内容区域。
- 元素的实际高度和实际宽度：包括边框、补白、内容区域。
- 元素的高度和宽度：仅包括内容区域。

【例 6-4】简单布局页面版块（源代码\ch06\6.4.html）。

本实例通过设置盒子模型的高度和宽度实现网页版块布局效果。

```
<!DOCTYPE html>
<html>
<head>
<title>盒子模型的宽度和高度</title>
<style type="text/css">
div {
    float:left;
    height:100px;
    width:160px;
    border:10px solid red;
    margin:10px;
    padding:10px;
    }
</style>
</head>
<body>
<div class="left">左侧栏目</div>
<div class="mid">中间栏目</div>
<div class="right">右侧栏目</div>
</body>
</html>
```

运行结果如图 6-5 所示。

图 6-5　布局网页效果

另外，CSS 还提供了 4 个与尺寸相关的辅助属性，用于定义内容区域的可限定性显示，如表 6-2 所示。

表 6-2　与大小相关的辅助属性

属　　性	说　　明
min-width	设置对象的最小宽度
min-height	设置对象的最小高度
max-width	设置对象的最大宽度
max-height	设置对象的最大高度

这些属性在弹性页面设计中具有重要的应用价值。它们的用法与 width 和 height 属性相同，但是取值不包括 auto 值，其中 min-width 和 min-height 的默认值为 0，max-width 和 max-height 的默认值为 none。

6.1.5 盒子模型的相关属性

CSS3 引入了新的盒子模型处理机制，该模型决定元素在盒子中的分布方式以及如何处理盒子的可用空间。通过盒子模型，可用轻松地设计出自适应浏览器窗口的流动布局或自适应字体大小的网页布局。CSS3 新增盒子模型属性如表 6-3 所示。

表 6-3　CSS3 新增盒子模型属性

属　　　性	说　　　明
box-orient	定义盒子分布的坐标轴
box-align	定义子元素在盒子内垂直方向上的空间分配方式
box-direction	定义盒子的显示顺序
box-flex	定义子元素在盒子内的自适应尺寸
box-flex-group	定义自适应子元素群组
box-lines	定义子元素分布显示
box-ordinal-group	定义子元素在盒子内的显示位置
box-pack	定义子元素在盒子内水平方向上的空间分配方式

【例 6-5】导航按钮的花式排序（源代码\ch06\6.5.html）。

本实例通过设置盒子模型的相关属性实现导航按钮的花样排序效果。

```
<!DOCTYPE html>
<html>
<head>
    <meta charset="UTF-8">
    <title>花式排版导航按钮</title>
    <style>
        body{
            margin:20px;
            padding:0;
            text-align:center;
            background-color:#d9bfe8;
        }
        .box{
            margin:auto;
            text-align:center;
            width:988px;
            display:-moz-box;
            display:box;
            display:-webkit-box;
            box-orient:vertical;
            -moz-box-orient:vertical;
            -webkit-box-orient:vertical;
        }
        .box1{
            -moz-box-ordinal-group:4;
            box-ordinal-group:4;
            -webkit-box-ordinal-group:4;
        }
        .box2{
            -moz-box-ordinal-group:3;
```

```
        box-ordinal-group:3;
        -webkit-box-ordinal-group:3;
    }
    .box3{
        -moz-box-ordinal-group:2;
        box-ordinal-group:2;
        -webkit-box-ordinal-group:2;
    }
    .box4{
        -moz-box-ordinal-group:1;
        box-ordinal-group:1;
        -webkit-box-ordinal-group:1;
    }
    </style>
</head>
<body>
<div class="box">
    <div class="box1"><img src="images/05.jpg"/></div>
    <div class="box2"><img src="images/06.jpg"/></div>
    <div class="box3"><img src="images/07.jpg"/></div>
    <div class="box4"><img src="images/08.jpg"/></div>
</div>
</body>
</html>
```

在上面的样式代码中，类选择器 box 中代码 display:box 设置了容器以盒子方式显示，box-orient: vertical 代码设置排列方向从上到下。在下面的 box1、box2、box3 和 box4 类选择器中使用 box-ordinal-group 属性设置了其显示顺序。运行结果如图 6-6 所示，可以看到导航按钮的序号以倒序方式显示。

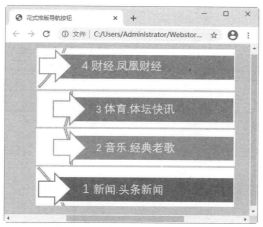

图 6-6 排版导航菜单效果

6.2 动画与特效

CSS3 中新增了一些用来实现动画效果的属性，通过这些属性可以实现 HTML 元素的平移、缩放、旋转、倾斜，以及添加过渡和帧动画效果。

6.2.1 变换动画效果

CSS3 新增 transform 和 transform-origin 属性，用于实现 2D 变换效果。其中，transform 用于实现平移、缩放、旋转、倾斜等 2D 变换；transform-origin 属性用于设置中心点的变换。transform 属性的属性值如表 6-4 所示。

表 6-4 transform 属性的属性值

属　　　　性	说　　　　明
translate(x,y)	定义 2D 转换，沿着 x 轴和 y 轴移动元素
translateX(n)	定义 2D 转换，沿着 X 轴移动元素
translateY(n)	定义 2D 转换，沿着 Y 轴移动元素
rotate(angle)	定义 2D 旋转，参数 angle 表示旋转的角度
scale(x,y)	定义 2D 缩放，改变元素的宽度和高度
scalex(n)	定义 2D 缩放，改变元素的宽度
scaley(n)	定义 2D 缩放，改变元素的高度
skew(x-angle,y-angle)	定义 2D 倾斜，沿着 X 轴和 Y 轴
skewx(angle)	定义 2D 倾斜，沿着 X 轴
skewy(angle)	定义 2D 倾斜，沿着 Y 轴
matrix(n,n,n,n,n,n)	定义 2D 转换，使用 6 个值的矩阵

【例 6-6】实现圆角长方形的平移、旋转、缩放和倾斜效果（源代码\ch06\6.6.html）。

本实例通过<div>标记绘制一个圆角长方形，然后使用 transform 和 transform-origin 属性实现圆角长方形的平移、旋转、缩放和倾斜。

```
<!DOCTYPE html>
<html>
<head>
    <title>2D 转换效果</title>
    <style type="text/css">
        div
        {
            margin:50px auto;
            width:200px;
            height:50px;
            background-color: #19e311;
            border-radius:12px;
        }
        div:hover
        {
            -webkit-transform:translate(150px,50px);
            -moz-transform:translate(150px,50px);
            -o-transform: translate(150px,50px);
            transform:translate(150px,50px);
        }
    </style>
</head>
<body>
<div></div>
```

```
</body>
</html>
```

运行结果如图 6-7 所示。当光标经过时圆角长方形被平移，如图 6-8 所示。

图 6-7　默认状态效果

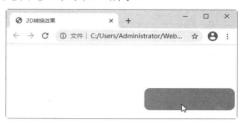

图 6-8　光标经过时被平移

如果想让圆角长方形进行旋转，需要修改 div:hover 下面的代码，代码如下：

```
div:hover
{
    -webkit-transform:rotate(-90deg);
    -moz-transform:rotate(-90deg); /* IE 9 */
    -o-transform:rotate(-90deg);
    transform:rotate(-90deg);
}
```

此时当光标经过时圆角长方形被旋转，如图 6-9 所示。

如果想让圆角长方形进行缩放，需要修改 div:hover 下面的代码，代码如下：

```
div:hover
{
    -webkit-transform: scale(2.5);
    -moz-transform:scale(2.5);
    -o-transform: scale(2.5);
    transform:scale(2.5);
}
```

此时当光标经过时圆角长方形被缩放，如图 6-10 所示。

图 6-9　光标经过时被旋转

图 6-10　光标经过时被放大

如果想让圆角长方形进行倾斜，需要修改 div:hover 下面的代码，代码如下：

```
div:hover
{
    -webkit-transform:skew(30deg,150deg);
    -moz-transform:skew(30deg,150deg);
    -o-transform: skew(30deg,150deg);
    transform:skew(30deg,150deg);
}
```

此时当光标经过时圆角长方形被倾斜，如图 6-11 所示。

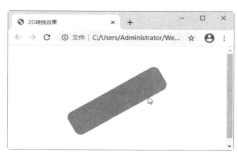

图 6-11　光标经过时被倾斜

6.2.2　过渡动画效果

在 CSS3 中，过渡效果主要指网页元素从一种样式逐渐改变为另一种样式的效果。能实现过渡效果的属性如表 6-5 所示。

表 6-5　CSS3 过渡效果的属性

属　　性	说　　明	CSS
transition	简写属性，用于在一个属性中设置 4 个过渡属性	3
transition-property	规定应用过渡的 CSS 属性的名称	3
transition-duration	定义过渡效果花费的时间，默认为 0	3
transition-timing-function	规定过渡效果的时间曲线，默认为 ease	3
transition-delay	规定过渡效果何时开始，默认为 0	3

1. 设置过渡属性

transition-property 属性用来定义过渡动画的 CSS 属性名称，语法格式如下：

```
transition-property: none|all| property;
```

取值说明如下：

- none：没有属性会获得过渡效果。
- all：所有属性都将获得过渡效果。
- property：定义应用过渡效果的 CSS 属性名称列表，列表以逗号分隔。几乎所有与色彩、大小或位置等相关的 CSS 属性，包括许多新添加的 CSS3 属性，都可以应用过渡，如 CSS3 变换中的放大、缩小、旋转、斜切、渐变等。

2. 设置过渡时间

transition-duration 属性用来定义转换动画的时间长度，语法格式如下：

```
transition-duration: time;
```

初始值为 0，适用于所有元素，以及:before 和:after 伪元素。默认情况下，动画过渡时间为 0 秒，所以当指定元素动画时，看不到过渡的过程，而是直接看到结果。

3. 设置延迟时间

transition-delay 属性用来定义开启过渡动画的延迟时间，语法格式如下：

```
transition-delay: time;
```

初始值为 0，适用于所有元素，以及:before 和:after 伪元素。设置时间可以为正整数、负整数和零，非零的时候必须设置单位为 s（秒）或者 ms（毫秒）；为负数时，过渡的动作会从该时间点开始显示，之前的动作被截断；为正数时，过渡的动作会延迟触发。

4. 设置过渡动画类型

transition-timing-function 属性用来定义过渡动画的类型，语法格式如下：

```
transition-timing-function:
linear|ease|ease-in|ease-out|ease-in-out|cubic-bezier(n,n,n,n);
```

初始值为 ease，取值说明如：

- linear：规定以相同速度开始至结束的过渡效果（等于 cubic-bezier(0,0,1,1)）。
- ease：规定慢速开始，然后变快，然后慢速结束的过渡效果（等于 cubic-bezier(0.25,0.1,0.25,1)）。
- ease-in：规定以慢速开始的过渡效果（等于 cubic-bezier(0.42,0,1,1)）。
- ease-out：规定以慢速结束的过渡效果（等于 cubic-bezier(0,0,0.58,1)）。
- ease-in-out：规定以慢速开始和结束的过渡效果（等于 cubic-bezier(0.42,0,0.58,1)）。
- cubic-bezier(n,n,n,n)：在 cubic-bezier 函数中定义自己的值，可能的值是 0～1 的数值。

【例 6-7】制作商品展示页面（源代码\ch06\6.7.html）。

本实例通过设置过渡动画的相关属性，实现光标滑过图片时，图片放大显示。

```html
<!DOCTYPE html>
<html>
<head>
    <meta charset="utf-8">
    <title>商品展示页面</title>
    <style type="text/css">
        .wrap {
            width: 1010px;
            height: 320px;
            margin: 0 auto;
            background: url("images/bg01.jpg") repeat
        }
        h2{
            padding: 20px 20px 0;
        }
        /*图片大小和外边距*/
        .photo img{
            height: 220px;
            width: auto;
            margin-left: 26px;                     /*外边距*/
        }
        /*光标滑过时,图片放大显示*/
        div img:hover {
            transform: scale(1.2);
            transition-duration: 1s;               /*设置动画过渡时间*/
            transition-property: all;              /*设置动画过渡属性*/
            transition-timing-function:ease;       /*设置过渡动画类型*/
        }
    </style>
</head>
<body>
<div class="wrap">
    <h2>热销楼盘</h2>
    <div class="photo">
```

```
            <img src="images/img1.jpg">
            <img src="images/img2.jpg">
            <img src="images/img3.jpg">
            <img src="images/img4.jpg">
        </div>
    </div>
    </body>
    </html>
```

运行结果如图 6-12 所示。

图 6-12　运行的显示效果

当光标滑过图片时，图片放大显示，如图 6-13 所示。

图 6-13　图片放大显示效果

6.2.3　帧动画效果

通过 CSS3 提供的 animation 属性可以定义帧动画，从而制作出很多具有动感效果的网页取代网页动画图像。

1. 设置关键帧

CSS3 使用@keyframes 定义关键帧。语法格式如下：

```
@keyframes animationname {
    keyframes-selector {
        css-styles;
    }
}
```

具体参数说明如下：

- animationname：定义动画的名称。
- keyframes-selector：定义帧的时间未知，也就是动画持续时间的百分比，合法的值包括 100%、from（等价于 0%）、to（等价于 100%）。
- css-styles：表示一个或多个合法的 CSS 样式属性。

在 CSS3 中，动画效果其实就是使元素从一种样式逐渐变化为另一种样式的效果。在创建动画时，首先需要创建动画规则@keyframes，然后将@keyframes 绑定到指定的选择器上。

注意： 创建动画规则，至少需要规定动画的名称和持续的时间，然后将动画规则绑定到选择器上，否则动画不会有任何效果。

在规定动画规则时，可以有两种方式：一种是使用关键字 from 和 to 规定动画的初始时间和结束时间。例如下面定义一个动画规则，实现网页背景从蓝色转换为红色的动画效果，代码如下：

```
@keyframes colorchange
{
    from {background:blue;}
    to {background: red;}
}
@-webkit-keyframes colorchange
{
    from {background:blue;}
    to {background: red;}
}
```

动画规则定义完成后，就可以将其规则绑定到指定的选择器上，然后指定动画持续的时间即可。例如，将 colorchange 动画绑定到 div 元素，动画持续时间设置为 10s，代码如下：

```
div
{
    animation:colorchange 10s;
    -webkit-animation:colorchange 10s; /* Safari 与 Chrome */
}
```

注意： 必须要指定动画持续的时间，否则将无动画效果，因为动画默认的持续时间为 0。

另一种方式是使用百分比定义关键帧的位置，实现通过百分比指定过渡的各个状态，其中 0% 是动画的开始，100% 是动画的完成。例如，定义帧动画效果，在 0%、50%、100% 3 个时间上改变元素的样式和位置。代码如下：

```
@keyframes colorchange
{
    0%   {background:blue; left:0px; top:0px;}
    50%  {background: red; left:100px; top:200px;}
    100% {background:yellow; left:200px; top:0px;}
}

@-webkit-keyframes colorchange
{
    0%   {background:blue; left:0px; top:0px;}
    50%  {background:red; left:100px; top:200px;}
    100% {background:yellow; left:200px; top:0px;}
}
```

注意： 在指定百分比时，一定要加上 "%"，否则会出现错误。

2. 设置动画属性

在添加动画效果之前，需要了解有关动画的属性。表 6-6 为动画属性的说明信息。

表 6-6　动画属性

属　　性	说　　明
@keyframes	规定动画
animation	所有动画属性的简写属性

属　　性	说　　明
animation-name	规定 @keyframes 动画的名称
animation-duration	规定动画完成一个周期所花费的秒或毫秒，默认为 0
animation-timing-function	规定动画的速度曲线，默认为 ease
animation-fill-mode	规定当动画不播放时（当动画完成时，或当动画有一个延迟未开始播放时），要应用到元素的样式
animation-delay	规定动画何时开始，默认为 0
animation-iteration-count	规定动画被播放的次数，默认为 1
animation-direction	规定动画是否在下一周期逆向播放，默认为 normal
animation-play-state	规定动画是否正在运行或暂停，默认为 running

1. 定义动画名称

使用 animation-name 属性可以定义 CSS 动画的名称。语法格式如下：

```
animation-name: keyframename|none;
```

主要参数介绍如下：

- keyframename：指定要绑定到选择器的关键帧的名称。
- none：指定有没有动画（可用于覆盖级联的动画）。

2. 定义动画时间

使用 animation-duration 属性定义动画完成一个周期需要的时间。语法格式如下：

```
animation-duration: time;
```

指定动画播放完成花费的时间，默认值为 0，意味着没有动画效果。

3. 定义动画类型

使用 animation-timing-function 属性可以定义动画的类型，即指定动画将如何完成一个周期，速度曲线定义动画从一套 CSS 样式变为另一套 CSS 样式所用的时间，速度曲线用于使变化更为平滑。语法格式如下：

```
animation-timing-function: value;
```

animation-timing-function 属性使用的数学函数称为三次贝塞尔曲线，即速度曲线。使用此函数，可以使用自己的值，或使用预先定义的值。预定的属性值如下所示：

- linear：动画从头到尾的速度是相同的。
- ease：默认值，动画以低速开始，然后加快，在结束前变慢。
- ease-in：动画以低速开始。
- ease-out：动画以低速结束。
- ease-in-out：动画以低速开始和结束。
- cubic-bezier(n,n,n,n)：在 cubic-bezier 函数中定义自己的值。可能的值是 0~1 的数值。

4. 定义动画外状态

使用 animation-fill-mode 属性定义动画外状态，即规定当动画不播放时（当动画完成时，或当动画有一个延迟未开始播放时），要应用到元素的样式。语法格式如下：

```
animation-fill-mode: none|forwards|backwards|both|initial|inherit;
```

主要参数介绍如下：

- none：默认值，动画在动画执行之前和之后不会应用任何样式到目标元素。

- forwards：在动画结束后（由 animation-iteration-count 决定），动画将应用该属性值。
- backwards：动画将应用在 animation-delay 定义期间启动动画的第一次迭代的关键帧中定义的属性值。这些都是 from 关键帧中的值（当 animation-direction 为 normal 或 alternate 时）或 to 关键帧中的值（当 animation-direction 为 reverse 或 alternate-reverse 时）。
- both：动画遵循 forwards 和 backwards 的规则，即动画会在两个方向上扩展动画属性。
- initial：设置该属性为它的默认值。
- inherit：从父元素继承该属性。

5. 定义延迟时间

使用 animation-delay 属性可以定义 CSS 动画延迟播放的时间。语法格式如下：

```
animation-delay: time;
```

time 定义动画开始前等待的时间，以秒或毫秒计，默认值为 0。

6. 定义播放次数

使用 animation-iteration-count 属性定义 CSS 动画的播放次数。语法格式如下：

```
animation-iteration-count: infinite <number>;
```

默认值为 1，这意味着动画将从开始到结束播放一次。infinite 表示无限次，即 CSS 动画永远重复。如果取值为非整数，将导致动画结束于一个周期的一部分，如果取值为负值，则将导致动画在交替周期内反向播放。

7. 定义播放方向

使用 animation-direction 属性定义是否循环交替反向播放动画。语法格式如下：

```
animation-direction : normal | alternate;
```

默认值为 normal。当为默认值时，动画的每次循环都向前播放。另一个值是 alternate，设置该值则表示第偶数次向前播放，第奇数次向反方向播放。

8. 定义播放状态

使用 animation--play-state 属性指定动画是否正在运行或已暂停。语法格式如下：

```
animation-play-state: paused|running;
```

paused 指定暂停动画，running 指定正在运行的动画。

【例 6-8】制作商品展示页面（源代码\ch06\6.8.html）。

本实例通过帧动画的相关属性制作一个商品展示页面，实现当打开网页时，图片自动轮播。

```html
<!DOCTYPE html>
<html>
<head>
    <meta charset="utf-8">
    <title>效果图轮播</title>
    <style type="text/css">
        *{padding: 0; margin: 0}
        .mr-cont{
            width: 278px;
            margin: 0 auto;
            border:2px solid red;
        }
        h2{
            padding: 10px 10px 20px;
            text-align: center;
        }
```

```
        .mr-out{
            width:278px;
            height:430px;
            overflow:hidden;    /*设置一处的内容为隐藏*/
            margin:0 auto;
        }
        .mr-in img{
            width:276px;
            height:380px;
            margin-left:0;
            float:left;
        }
        .mr-in{
            width:5650px;
            height:430px;
            animation: lun 10s linear infinite;
        }
        /*创建图片轮播动画*/
        @keyframes lun {
            0%{margin-left:0;}
            20%{margin-left:0;}
            25%{margin-left:-276px;}
            45%{margin-left:-276px;}
            50%{margin-left:-550px;}
            65%{margin-left:-550px;}
            70%{margin-left:-830px;}
            100%{margin-left:-830px;}
        }
    </style>
</head>
<body>
<div class="mr-cont">
    <div class="mr-out">
        <h2>本季热销单品</h2>
        <div class="mr-in">
            <img src="images/b1.jpg" alt="">
            <img src="images/b2.jpg" alt="">
            <img src="images/b3.jpg" alt="">
            <img src="images/b4.jpg" alt="">
        </div>
    </div>
</div>
</body>
</html>
```

运行结果如图 6-14 所示，可以看到网页中的图片自动轮播。

图 6-14　帧动画运动效果

6.3　新手疑难问题解答

问题 1：定义动画的时间用百分比，还是用关键字 from 和 to？

解答：一般情况下，使用百分比和使用关键字 from 和 to 的效果是一样的，但是以下两种情况，需要考虑使用百分比定义时间。

- 定义多于两种以上的动画状态时，需要使用百分比定义动画时间。
- 考虑要在多种浏览器上查看动画效果时，使用百分比的方式会获得更好的兼容效果。

问题 2：Animation 功能与 Transition 功能的区别是什么？

解答：Animation 功能与 Transition 功能相同，都是通过改变元素的属性值来实现动画效果的。它们的区别在于，Transition 功能只能通过指定属性的开始值与结束值，然后在这两个属性值之间进行平滑过渡的方式来实现动画效果，因此不能实现比较复杂的动画效果；而 Animation 功能则通过定义多个关键帧以及定义每个关键帧中元素的属性值实现更为复杂的动画效果。

6.4　实战训练

实战 1：制作一份个人简历模板。

制作一份个人简历模板，需要包括文字和图片信息。本案例将结合前面学习的盒子模型及其相关属性，创建一份个人简历模板，运行效果如图 6-15 所示。

实战 2：展示正六面体。

由于 transform 和 transform-origin 不仅支持 2D 变形，也支持 3D 变形，因此，可以在 2D 变形的基础上进行 3D 变形。在 3D 变形时，perspective 属性至关重要，它表示元素的深度，决定看到的是 2D 效果还是 3D 效果。下面就来展示一个正六面体，学习 3D 变形的应用，运行效果如图 6-16 所示。

图 6-15　个人简历模板效果

图 6-16　正六面体显示效果

第7章

设计列表与菜单

列表与菜单是网页中最主要也是最常用的元素，使用 HTML 中的列表标记可以有序地编排网页信息，使其结构化和条理化，便于用户理解。另外，如果合理地给 HTML 列表元素添加 CSS 样式，还可以制作出菜单列表。本章就来介绍如何设计网页中的列表与菜单。

7.1　认识列表标记

在 HTML5 语言中，项目列表用来罗列显示一系列相关的文本信息，它提供了 3 种列表结构，包括定义有序列表的<ol>标记、定义无序列表的<ul>标记和自定义定义列表的<dl>标记。

7.1.1　无序列表标记

无序列表是指以●、○、▽、▲等项目符号开头的，标记没有顺序的列表项目。在无序列表中，各个列表项之间没有顺序级别之分。无序列表主要使用<ul><dir><dl><menu>等标记和 type 属性。

无序列表使用<ul></ul>标记，其中每一个列表项使用<li></li>标记，语法结构如下：

```
<ul>
    <li>无序列表项</li>
    <li>无序列表项</li>
    <li>无序列表项</li>
</ul>
```

在无序列表结构中，使用<ul></ul>标记表示这一个无序列表的开始和结束，<li>标记则表示一个列表项的开始。在一个无序列表中可以包含多个列表项，并且<li>可以省略结束标记。

默认情况下，无序列表的项目符号都是"•"。如果想修改项目符号，可以通过 type 属性设置。type 属性值可以设置为 disc、circle 或 square，分别显示不同的效果。

【例 7-1】建立不同类型的商品列表（源代码\ch07\7.1.html）。

本实例通过设置无序列表的 type 属性，展示本月销售前 3 名的商品信息。

```
<!DOCTYPE html>
<html>
<head>
    <title>不同类型的无序列表</title>
</head>
<body>
<fieldset>
<legend>本月销售产品排行榜 TOP3</legend>
<ul type="disc">
    <li type="disc">冰箱/品牌：海尔</li>
```

```
        <li type="circle">空调/品牌：格力</li>
        <li type="square">洗衣机/品牌：小天鹅</li>
</ul>
</fieldset>
</body>
</html>
```

运行结果如图 7-1 所示。

图 7-1　不同类型的商品列表显示效果

7.1.2　有序列表标记

有序列表类似于 Word 中的自动编号功能，有序列表的使用方法和无序列表的使用方法基本相同。有序列表使用<ol></ol>标记，每个列表项使用<li></li>标记。每个项目都有前后顺序之分，多数用数字表示，语法格式如下：

```
<ol type=序号类型>
    <li>第 1 项</li>
    <li>第 2 项</li>
    <li>第 3 项</li>
</ol>
```

默认情况下，有序列表的序号是数字形式。如果想修改为字母或其他形式，可以通过修改 type 属性完成，type 属性的取值如表 7-1 所示。

表 7-1　type 属性取值

type 取值	列表项目的序号类型
1	数字 1，2，3，…
a	小写英文字母 a，b，c，…
A	大写英文字母 A，B，C，…
i	小写罗马数字 i，ii，iii，…
I	大写罗马数字 I，II，III，…

【例 7-2】建立不同类型的商品列表（源代码\ch07\7.2.html）。
本实例通过设置有序列表的 type 属性，展示本月销售前 3 名的商品信息。

```
<!DOCTYPE html>
<html>
<head>
    <title>不同类型的有序列表</title>
</head>
<body>
<fieldset>
<legend>本月电器类产品销售排行榜 TOP3</legend>
<ol type="A">
    <li>冰箱/品牌：海尔</li>
```

```
        <li>空调/品牌: 格力</li>
        <li>洗衣机/品牌: 小天鹅</li>
    </ol>
</fieldset>
<legend>本月汽车类产品销售排行榜 TOP3</legend>
<ol type="I">
    <li>轿车/品牌: 大众</li>
    <li>城市 SUV/品牌: 宝马</li>
    <li>面包车/品牌: 长城</li>
</ol>
</fieldset>
</body>
</html>
```

运行结果如图 7-2 所示。

图 7-2　不同类型的有序列表显示效果

7.1.3　自定义列表标记

自定义列表是一种两个层次的列表，用于解释名词的定义，名词为第一个层次，解释为第二个层次，并且不包含项目符号。语法格式如下：

```
<dl>
    <dt>项目名称 1</dt>
    <dd>项目解释 1</dd>
    <dd>项目解释 2</dd>
    <dd>项目解释 3</dd>
    <dt>项目名称 2</dt>
    <dd>项目解释 1</dd>
    <dd>项目解释 2</dd>
    <dd>项目解释 3</dd>
</dl>
```

在定义列表中，一个<dt>标记下可以有多个<dd>标记作为名词的解释和说明，以实现定义列表的嵌套。

【例 7-3】展示让孩子学习编程的好处（源代码\ch07\7.3.html）。

本实例通过自定义列表样式，展示学习编程的好处。

```
<!DOCTYPE html>
<html>
<head>
    <title>自定义列表</title>
</head>
<body>
```

```
<h2>为什么要孩子学习编程</h2>
<p>——开发左右脑,让孩子越学越聪明——</p>
<fieldset>
    <legend>让孩子学习编程的好处</legend>
    <details>
        <summary>A.提高逻辑思维</summary>
        <dl>
            <dt>抓住孩子数学逻辑启蒙黄金期</dt>
            <dd>提高学科能力</dd>
            <dd>成功路上领先一步</dd>
        </dl>
    </details>
    <details>
        <summary>B.养成良好习惯</summary>
        <dl>
            <dt>提升专注力</dt>
            <dd>树立自主学习意识</dd>
            <dd>培养高效管理时间能力</dd>
        </dl>
    </details>
    <details>
        <summary>C.不再沉迷游戏</summary>
        <dl>
            <dt>让孩子从游戏的使用者</dt>
            <dd>转变成游戏的开发者</dd>
            <dd>获得更多成就感</dd>
        </dl>
    </details>
    <details>
        <summary>D.增强未来竞争力</summary>
        <dl>
            <dt>编程是通往名校的快捷通道</dt>
            <dd>紧缺高薪职业</dd>
            <dd>立足未来的基础技能</dd>
        </dl>
    </details>
</fieldset>
</body>
</html>
```

运行结果如图 7-3 所示。

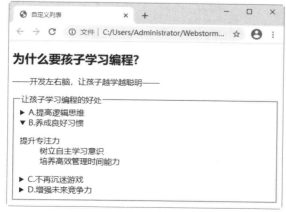

图 7-3 自定义列表显示效果

7.1.4　列表的嵌套

嵌套列表是网页中常用的元素，通过重复使用<ol>标记和<ul>标记，可以实现无序列表和有序列表的嵌套。

【例 7-4】创建一个嵌套列表，展示不同平台职称排行榜（源代码\ch07\7.4.html）。

本实例通过重复使用<ol>标记和<ul>标记，实现无序列表和有序列表的嵌套，进而展示不同平台职称排行榜。

```html
<!DOCTYPE html>
<html>
<head>
    <title>无序列表和有序列表嵌套</title>
</head>
<body>
<ul>
    <li>微信职称搜索排行榜 TOP3
        <ol >
            <li>注册会计师</li>
            <li>一级建造师</li>
            <li>会计职称考试</li>
        </ol>
    </li>
    <li>微博职称搜索排行榜 TOP3
        <ul>
            <li>CPA 注会之家</li>
            <li>会计职称考试</li>
            <li>ACCA 考友论坛</li>
        </ul>
    </li>
</ul>
</body>
</html>
```

运行结果如图 7-4 所示。

图 7-4　嵌套列表显示效果

7.2　使用 CSS 设计列表样式

在网页中添加了项目列表后，还可以根据需要对项目列表进行美化操作，CSS 提供了多种用于美化项目列表的属性，下面进行详细介绍。

7.2.1 无序项目列表

在 CSS3 中,可以通过 list-style-type 属性定义无序列表前面的项目符号。语法格式如下:

```
list-style-type : disc | circle | square | none
```

list-style-type 参数值含义如表 7-2 所示。

表 7-2 无序列表常用符号

参　　　数	说　　　明
disc	实心圆
circle	空心圆
square	实心方块
none	不使用任何标号

可以通过表里的参数,为 list-style-type 设置不同的特殊符号,从而改变无序列表的样式。

【例 7-5】制作无序网页商品分类栏目(源代码\ch07\7.5.html)。

```html
<!DOCTYPE html>
<html>
<head>
    <title>商品分类栏目</title>
    <style>
        * {
            margin:0px;
            padding:0px;
            font-size:15px;                     /*设置字体大小*/
        }
        p {
            margin:5px 0 0 5px;
            font-size:20px;
            font-weight:bolder;                 /*设置字体粗细*/
        }
        div{
            width:320px;
            margin:10px 0 0 10px;
            border:2px #FF0000 dashed;          /*设置边框样式*/
        }
        div ul {
            margin-left:40px;
            list-style-type: disc;              /*定义列表项符号*/
        }
        div li {
            margin:5px 0 5px 0;
            text-decoration:underline;          /*添加文本下画线*/
        }
    </style>
</head>
<body>
<div>
    <p>商品分类</p>
    <ul>
        <li>女装/女鞋</li>
        <li>男装/男鞋</li>
        <li>手机/数码</li>
        <li>生鲜/水果</li>
        <li>化妆品/个人护理</li>
```

```
        </ul>
    </div>
</body>
</html>
```

运行结果如图 7-5 所示，可以看到显示了一个商品分类栏目，栏目中有不同的信息，每条信息前面都使用实心圆作为信息的开始。

图 7-5　用无序项目列表制作商品分类栏目显示效果

7.2.2　有序项目列表

在 CSS3 中，使用 list-style-type 属性还可以定义有序列表前面的项目符号。语法格式如下：

```
list-style-type:decimal | lower-roman | upper-roman | lower-alpha | upper-alpha | none
```

list-style-type 参数值含义如表 7-3 所示。

表 7-3　有序列表常用符号

参　　数	说　　明
decimal	阿拉伯数字
lower-roman	小写罗马数字
upper-roman	大写罗马数字
lower-alpha	小写英文字母
upper-alpha	大写英文字母
none	不使用项目符号

【例 7-6】制作有序网页商品分类栏目（源代码\ch07\7.6.html）。

```
<!DOCTYPE html>
<html>
<head>
    <title>商品分类栏目</title>
    <style>
        * {
            margin:0px;
            padding:0px;
            font-size:17px;                      /*设置字体大小*/
        }
        p {
            margin:5px 0 0 5px;
            font-size:18px;
            border-bottom-width:1px;             /*设置底部边框粗细*/
            border-bottom-style:solid;           /*设置底部边框样式*/
            font-weight:bolder;                  /*设置字体粗细*/
        }
        div{
            width:350px;
```

```
            margin:10px 0 0 10px;
            border:2px #db070c solid;
        }
        div ol {
            margin-left:40px;
            list-style-type: decimal;              /*设置列表项目符号*/
        }
        div li {
            margin:5px 0 5px 0;
        }
    </style>
</head>
<body>
<div>
    <p>商品分类</p>
    <ol>
        <li>女装/女鞋</li>
        <li>男装/男鞋</li>
        <li>手机/数码</li>
        <li>生鲜/水果</li>
        <li>化妆品/个人护理</li>
    </ol>
</div>
</body>
</html>
```

运行结果如图 7-6 所示，可以看到显示了一个商品分类栏目，栏目信息前面都带有相应的数字，表示其顺序。分类栏目具有红色边框，并用一条黑色线将题目和内容分开。

图 7-6　用有序项目列表制作商品分类栏目显示效果

7.2.3　图片列表样式

使用 list-style-image 属性可以将每项列表前面的项目符号替换为图片。语法格式如下：

```
list-style-image : none | url (url)
```

上面属性值中，none 表示不指定图像，url 表示使用绝对路径和相对路径指定背景图像。

图片相对于列表项内容的位置，可以使用 list-style-position 属性控制。语法格式如下：

```
list-style-position : outside | inside
```

list-style-position 参数含义如表 7-4 所示。

表 7-4　列表缩进属性值

属　　性	说　　明
outside	列表项目标签放置在文本以外，且环绕文本不根据标签对齐
inside	列表项目标签放置在文本以内，且环绕文本根据标签对齐

【例 7-7】制作图片网页商品分类栏目（源代码\ch07\7.7.html）。

```html
<!DOCTYPE html>
<html>
<head>
    <title>商品分类栏目</title>
    <style>
        div{
            width:320px;
            margin:10px 0 0 10px;
            border:2px #FF0000 dashed;              /*设置边框样式*/
        }
        p {
            margin:5px 0 0 5px;
            font-size:20px;
            font-weight:bolder;                      /*设置字体粗细*/
        }
        div ul{
            font-family:Arial;                       /*设置字体类型*/
            font-size:18px;
            color:#00458c;
            list-style-type:none;                    /*不显示项目符号*/
        }
        div li{
            list-style-image:url(images/01.jpg);
            padding-left:8px;                        /*设置图标与文字的间隔*/
            width:350px;
        }
        .list1{
            list-style-position:inside;              /*定义列表项目符号的位置*/
        }
        .list2{
            list-style-position:outside;             /*定义列表项目符号的位置*/
        }
    </style>
</head>
<body>
<div>
    <p>商品分类</p>
    <ul>
        <li class=list2>女装分类</li>
        <li class=list1>连衣裙</li>
        <li class=list1>超短裙</li>
        <li>男装分类</li>
        <li>童装分类</li>
    </ul>
</div>
</body>
</html>
```

运行结果如图 7-7 所示，可以看到每个商品分类信息前面都有一个小图标，这个小图标就是我们设置的图片列表。

图 7-7　用图片制商品分类显示效果

7.2.4　列表复合属性

在 7.2.3 节中，分别使用了 list-style-type 定义列表的项目符号，list-style-image 定义了列表的图片符号选项，使用 list-style-position 定义了图片显示的位置。实际上在对项目列表操作时，可以直接使用一个复合属性 list-style，将前面的 3 个属性放在一起设置。语法格式如下：

```
{ list-style: style}
```

其中 style 可以指定以下值（任意次序，最多 3 个），如表 7-5 所示。

表 7-5　list-style 常用属性

属　　性	说　　明
图像	可供 list-style-image 属性使用的图像值的任意范围
位置	可供 list-style-position 属性使用的位置值的任意范围
类型	可供 list-style-type 属性使用的类型值的任意范围

【例 7-8】使用复合属性制作网页商品分类栏目（源代码\ch07\7.8.html）。

```
<!DOCTYPE html>
<html>
<head>
    <title>复合列表属性</title>
    <style>
        div{
            width:320px;
            margin:10px 0 0 10px;
            border:2px #FF0000 dashed;              /*设置边框样式*/
        }
        p {
            margin:5px 0 0 5px;
            font-size:20px;
            font-weight:bolder;                     /*设置字体粗细*/
        }

        div ul{
            font-family:Arial;                      /*设置字体类型*/
            font-size:18px;
            color:#00458c;
        }
        .list1{
            list-style:square inside url("images/01.jpg"); /*定义项目符号为图片*/
        }
    </style>
</head>
<body>
<div>
    <p>商品分类</p>
    <ul>
        <li>女装分类</li>
        <li class=list1>连衣裙</li>
        <li class=list1>超短裙</li>
        <li>男装分类</li>
        <li>童装分类</li>
    </ul>
</div>
</body>
</html>
```

运行结果如图 7-8 所示。

图 7-8　复合属性指定商品分类显示效果

7.3　使用 CSS 设计菜单样式

使用 CSS3 除了可以美化项目列表外，还可以用于制作网页中的菜单，并设置不同显示效果的菜单样式。

7.3.1　制作动态导航菜单

在使用 CSS3 制作导航条和菜单之前，需要将 list-style-type 的属性值设置为 none，即去掉列表前的项目符号。下面通过具体实例演示制作动态导航菜单的方法。

【例 7-9】制作购物网站中的商品分类导航菜单（源代码\ch07\7.9.html）。

首先创建 HTML 文档，添加一个无序列表，列表中的选项表示各个菜单。然后利用 CSS 相关属性，对 HTML 中的元素进行修饰，并使用 CSS3 设置动态菜单效果，即当光标悬停在导航菜单上时显示另外一种样式。

```
<!DOCTYPE html>
<html>
<head>
    <title>商品分类导航菜单</title>
    <style>
        body{
            background-color:#84BAE8;
        }
        div {
            width:200px;
        }
        div ul {
            list-style-type:none;              /*将项目符号设置为不显示*/
            margin:0px;
            padding:0px;
        }
        div li {
            border-bottom:1px solid #ED9F9F;
        }
        div li a{
            display:block;
            padding:5px 5px 5px 0.5em;
            text-decoration:none;              /*设置文本不带有下画线*/
            border-left:12px solid #6EC61C;    /*设置左边框样式*/
```

```
          border-right:1px solid #6EC61C;              /*设置右边框样式*/
        }
        div li a:link, div li a:visited{
            background-color:#F0F0F0;
            color:#461737;
        }
        div li a:hover{
            background-color:#7C7C7C;
            color:#ffff00;
        }
    </style>
</head>
<body>
<div>
    <ul>
        <li><a href="#">女装/内衣/家居</a></li>
        <li><a href="#">女鞋/男鞋/箱包</a></li>
        <li><a href="#">母婴/童装/玩具</a></li>
        <li><a href="#">零食/生鲜/茶酒</a></li>
        <li><a href="#">手机/数码/企业</a></li>
    </ul>
</div>
</body>
</html>
```

运行结果如图 7-9 所示，可以看到光标悬停在导航菜单上时，菜单会显示为深灰色。

图 7-9　动态导航菜单显示效果

7.3.2　制作水平方向菜单

在实际网页设计中，根据题材或业务需求不同，垂直导航菜单有时不能满足要求，这时就需要导航菜单水平显示。通过 CSS 属性，可以创建水平方向导航菜单。

【例 7-10】制作购物网站中的水平方向导航菜单（源代码\ch07\7.10.html）。

```
<!DOCTYPE html>
<html>
<head>
    <title>制作水平方向导航菜单</title>
    <style>
        <!--
        body{
            background-color:#84BAE8;
        }
        div ul {
            list-style-type:none;
            margin:0px;
            padding:0px;
        }
        div li {
```

```
          border-bottom:1px solid #ED9F9F;
          float:left;
          width:150px;
      }
      div li a{
          display:block;
          padding:5px 5px 5px 0.5em;
          text-decoration:none;
          border-left:12px solid #EBEBEB;
          border-right:1px solid #EBEBEB;
      }
      div li a:link, div li a:visited{
          background-color:#F0F0F0;
          color:#461737;
      }
      div li a:hover{
          background-color:#7C7C7C;
          color:#ffff00;
      }
   </style>
</head>
<body>
<div id="navigation">
   <ul>
      <li><a href="#">女装/内衣/家居</a></li>
      <li><a href="#">女鞋/男鞋/箱包</a></li>
      <li><a href="#">母婴/童装/玩具</a></li>
      <li><a href="#">零食/生鲜/茶酒</a></li>
      <li><a href="#">手机/数码/企业</a></li>
   </ul>
</div>
</body>
</html>
```

运行结果如图 7-10 所示，可以看到当光标放到菜单上时，菜单会变换为另一种样式。

图 7-10　水平菜单显示效果

7.3.3　制作多级菜单列表

多级下拉菜单在企业网站中应用也比较广泛，其优点是在导航结构繁多的网站中使用可以节省版面，同时也会更方便。

【例 7-11】制作购物网站中的多级菜单列表（源代码\ch07\7.11.html）。

首先创建 HTML5 网页，搭建网页基本结构；接着定义网页的 menu 容器样式，并定义一级菜单中的列表样式；最后使用 CSS3 设置多级菜单效果。

```
<!DOCTYPE html>
<html>
<head>
   <title>多级菜单</title>
   <style type="text/css">
      .menu {
```

```
            font-family: arial, sans-serif;        /*设置字体类型*/
            width:440px;
            margin:0;
        }
        .menu ul {
            padding:0;
            margin:0;
            list-style-type: none;                  /*不显示项目符号*/
        }
        .menu ul li {
            float:left;                             /*列表横向显示*/
            position:relative;
        }
        .menu ul li a, .menu ul li a:visited {
            display:block;
            text-align:center;
            text-decoration:none;
            width:104px;
            height:30px;
            color:#000;
            border:1px solid #fff;
            border-width:1px 1px 0 0;
            background:#5678ee;
            line-height:30px;
            font-size:14px;
        }
        .menu ul li:hover a {
            color:#fff;
        }
        .menu ul li ul {
            display: none;
        }
        .menu ul li:hover ul {
            display:block;
            position:absolute;
            top:31px;
            left:0;
            width:105px;
        }
        .menu ul li:hover ul li a {
            display:block;
            background:#ff4321;
            color:#000;
        }
        .menu ul li:hover ul li a:hover {
            background:#dfc184;
            color:#000;
        }
    </style>
</head>
<body>
<div class="menu">
    <ul>
        <li><a href="#">女装</a>
            <ul>
                <li><a href="#">半身裙</a></li>
                <li><a href="#">连衣裙</a></li>
```

```
            <li><a href="#">沙滩裙</a></li>
        </ul>
    </li>
    <li><a href="#">男装</a>
        <ul>
            <li><a href="#">商务装</a></li>
            <li><a href="#">休闲装</a></li>
            <li><a href="#">运动装</a></li>
        </ul>
    </li>
    <li><a href="#">童装</a>
        <ul>
            <li><a href="#">女童装</a></li>
            <li><a href="#">男童装</a></li>
        </ul>
    </li>
    <li><a href="#">童鞋</a>
        <ul>
            <li><a href="#">女童鞋</a></li>
            <li><a href="#">男童鞋</a></li>
            <li><a href="#">运动鞋</a></li>
        </ul>
    </li>
    </ul>
    <div class="clear"> </div>
</div>
</body>
</html>
```

运行结果如图 7-11 所示。在以上代码中，设置了二级菜单的背景色、字体颜色，以及光标悬停时的背景色、字体颜色。

图 7-11　多级菜单显示效果

7.4　新手疑难问题解答

问题 1：无序列表<ul>元素的作用？

解答：无序列表元素主要用于条理化和结构化文本信息。在实际开发中，无序列表在制作导航菜单时使用广泛。导航菜单的结构一般都使用无序列表实现。

问题 2：文字和图片导航速度谁更快？

解答：使用文字做导航栏速度更快。文字导航不仅速度快，而且更稳定。另外有一点需要注意，在处理文本时，除非特别需要，否则不要在普通文本上添加下画线或者颜色，这样当用户识别哪些文本能单击时，就不容易将本不能单击的文字误认为能够单击了。

7.5 实战训练

实战 1：模拟制作百度搜索页面。

创建 HTML5 网页，利用 HTML 中的标记实现百度 Logo 图片、导航项目、搜索输入框和按钮等元素的添加，然后利用 CSS3 中的相关属性设计网页元素样式，最终效果如图 7-12 所示。

图 7-12 百度搜索页面效果

实战 2：设计一个商城导航栏。

结合本章所学知识，创建一个商城导航栏，包括无序列表和有序列表，然后使用 CSS3 属性修改列表属性，最终效果如图 7-13 所示。

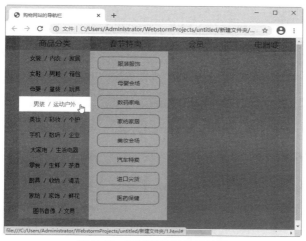

图 7-13 商城导航栏显示效果

第8章

表格与<div>标记

表格是在网页设计中经常使用的表现形式，表格可以存储更多内容，方便传达信息，还可以用于页面布局。HTML 制作表格的原理是使用相关标记（如表格<table>标记、行<tr>标记、单元格<td>标记）来完成的。<div>标记可以统一管理其他标记，常常用于内容的分组显示。本章就来介绍表格和<div>标记的使用方法与技巧。

8.1　简单表格

使用表格显示数据，可以更直观和清晰。在 HTML 文档中，表格主要用于显示数据，虽然可以使用表格布局，但是不建议使用，它有很多弊端。表格一般由行、列和单元格组成。在 HTML5 中，用于创建表格的标记如表 8-1 所示。

表 8-1　表格标记

标　　记	含　　义
<table>	表格标记
<tr>	行标记
<td>	单元格标记

8.1.1　创建简单表格

最基本的表格，必须包含一对<table></table>标记、一对或几对<tr></tr>标记以及一对或几对<td></td>标记。语法格式如下：

```
<table>
    <tr>
        <td>单元格内的文字</td>
        <td>单元格内的文字</td>
...
    </tr>
    <tr>
        <td>单元格内的文字</td>
        <td>单元格内的文字</td>
...
    </tr>
...
</table>
```

在该语法中，<table>和</table>标记分别标志着一个表格的开始和结束；<tr>和</tr>标记分别表示表格中一行的开始和结束，在表格中包含几组<tr>…</tr>，就表示该表格为几行；<td>和</td>标记表示一个单元格的开始和结束，在表格中包含几组<td>…</td>，就表示该表格的一行包含了几列。

【例 8-1】通过表格标记编写公司销售表（源代码\ch08\8.1.html）。

```html
<!DOCTYPE html>
<html>
<head>
    <title>公司销售表</title>
</head>
<body>
<h1 align="center">公司销售表</h1>
<!--<table>为表格标记-->
<table align="center">
    <!--<tr>为行标记-->
    <tr>
        <!--<td>为表头标记-->
        <td>姓名</td>
        <td>月份</td>
        <td>销售额</td>
    </tr>
    <tr>
        <!--<td>为单元格-->
        <td>刘玉红</td>
        <td>12 月</td>
        <td>30 万元</td>
    </tr>
    <tr>
        <!--<td>为单元格-->
        <td>张平平</td>
        <td>12 月</td>
        <td>28 万元</td>
    </tr>
    <tr>
        <!--<td>为单元格-->
        <td>胡明玉</td>
        <td>12 月</td>
        <td>25 万元</td>
    </tr>
</table>
</body>
</html>
```

运行结果如图 8-1 所示。

图 8-1 公司销售表显示效果

8.1.2　表格的表头

表格中还有一个特殊的单元格，这个单元格被称为表头。表头一般位于表格的第一行，用来说明该列的内容类别，用\<th\>和\</th\>标记表示，该标记中的内容加粗显示。另外，还可以使用\<caption\>和\</caption\>标记设置表格的标题。语法格式如下：

```
<table>
<caption>表格的标题</caption>
    <tr>
        <th>表格的表头</th>
        <th>表格的表头</th>
...
    </tr>
    <tr>
        <td>单元格内的文字</td>
        <td>单元格内的文字</td>
...
    </tr>
...
</table>
```

注意：在编写代码的过程中，结束标记中的"/"是不可以省略的。

【**例 8-2**】通过表头标记创建一个产品销售统计表（源代码\ch08\8.2.html）。

```
<!DOCTYPE html>
<html>
<head>
    <title>销售统计表</title>
</head>
<body>
<table align="center">
    <caption>第一季度销售统计表</caption>
    <tr>
        <th>产品名</th>
        <th>1 月</th>
        <th>2 月</th>
        <th>3 月</th>
    </tr>
    <tr>
        <td>冰箱</td>
        <td>100 万台</td>
        <td>120 万台</td>
        <td>160 万台</td>
    </tr>
    <tr>
        <td>空调</td>
        <td>120 万台</td>
        <td>130 万台</td>
        <td>140 万台</td>
    </tr>
</table>
</body>
</html>
```

运行结果如图 8-2 所示。

图 8-2　第一季度销售统计表显示效果

8.2　表格的高级应用

表格创建好之后，还可以编辑表格，包括设置表格的边框类型、设置表头、合并单元格等。

8.2.1　表格的样式

除了基本表格元素外，表格还可以设置一些基本的样式属性，如表格边框类型、表格的宽度、高度、对齐方式、插入图片等。语法格式如下：

```
<table>
<caption>表格的标题</caption>
    <tr>
        <th>表格的表头</th>
        <th>表格的表头</th>
...
    </tr>
    <tr>
        <td><img src="引入图片路径"></td>
        <td><img src="引入图片路径"></td>
...
    </tr>
...
</table>
```

【例 8-3】通过表格的样式属性，制作一个商品推荐表格（源代码\ch08\8.3.html）。

```
<!DOCTYPE html>
<html>
<head>
    <!--指定页面编码格式-->
    <meta charset="UTF-8">
    <!--指定页头信息-->
    <title>商品表格</title>
</head>
<body>
<!--<table>为表格标记-->
<table align="center" width="70%" height="250" align="center" border="1" cellpadding="10">
    <caption><b>为你推荐</b></caption>
    <tr height="36" bgcolor="#DD2727">
        <th>精选单品</th>
        <th>智能先锋</th>
        <th>居家优品</th>
        <th>超市百货</th>
        <th>时尚达人</th>
    </tr>
    <!--单元格加入介绍文字-->
```

```
    <tr align="center">
        <td>猜你喜欢</td>
        <td>大电器城</td>
        <td>品质生活</td>
        <td>百货生鲜</td>
        <td>美妆穿搭</td>
    </tr>
    <!--单元格加入图片装饰-->
    <tr align="center">
        <td><img src="images/1.jpg" alt=""></td>
        <td><img src="images/2.jpg" alt=""></td>
        <td><img src="images/3.jpg" alt=""></td>
        <td><img src="images/4.jpg" alt=""></td>
        <td><img src="images/5.jpg" alt=""></td>
    </tr>
</table>
</body>
</html>
```

运行结果如图 8-3 所示。

图 8-3　商品推荐表格显示效果

8.2.2　表格的合并

在实际应用中，并非所有表格都是规范的几行几列，有时需要将某些单元格进行合并，以符合某种内容上的要求。在 HTML 中，合并的方向有两种，一种是上下合并，一种是左右合并，这两种合并方式只需要使用<td>标记的两个属性即可实现。语法格式如下：

```
<td colspan="跨的列数">
<td rowspan="跨的行数">
```

在该语法中，"跨的列数"是指这个单元格所跨的列数；"跨的行数"是指单元格在垂直方向上跨的行数。

【例 8-4】通过合并表格，设计婚礼流程表（源代码\ch08\8.4.html）。

```
<!DOCTYPE html>
<html>
<head>
    <title>婚礼流程表</title>
</head>
<body>
<h1 align="center">婚礼流程表</h1>
<!--<table>为表格标记-->
<table align="center" border="1px" cellpadding="10%" >
    <!--婚礼流程表日期-->
    <tr bgcolor="#A5AFEDD">
        <th></th>
        <th>时间</th>
```

```
            <th>日程</th>
            <th>地点</th>
        </tr>
        <!--婚礼流程表内容-->
        <tr align="center">
            <!--使用 rowspan 属性进行列合并-->
            <td bgcolor="#FCD1CC" rowspan="2">上午</td>
            <td bgcolor="#FCD1CC">7:00--8:30</td>
            <td>新郎新娘化妆定妆</td>
            <td>婚纱影楼</td>
        </tr>
        <!--婚礼流程表内容-->
        <tr align="center">
            <td bgcolor="#FCD1CC">8:30--10:30</td>
            <td>新郎根据指导接亲</td>
            <td>酒店 1 层</td>
        </tr>
        <!--婚礼流程表内容-->
        <tr align="center">
            <!--使用 rowspan 属性进行列合并-->
            <td bgcolor="#FCD1CC" rowspan="2">下午</td>
            <td bgcolor="#FCD1CC">12:30--14:00</td>
            <td>婚礼和就餐</td>
            <td>酒店 2 层</td>
        </tr>
        <!--婚礼流程表内容-->
        <tr align="center">
            <td bgcolor="#FCD1CC">14:00--16:00</td>
            <td>清点物品后离开酒店</td>
            <td>酒店 2 层</td>
        </tr>
</table>
</body>
</html>
```

运行结果如图 8-4 所示。

图 8-4　婚礼流程表显示效果

8.2.3　表格的分组

如果需要分组对表格的列控制样式，可以通过<colgroup>标记完成。语法格式如下：

```
<colgroup>
    <col style="background-color: 颜色值">
    <col style="background-color: 颜色值">
    <col style="background-color: 颜色值">
</colgroup>
```

<colgroup>标记可以对表格的列进行样式控制，其中<col>标记对具体的列进行样式控制。

【例 8-5】通过表格的分组，设计一个产品信息表（源代码\ch08\8.5.html）。

```
<!DOCTYPE html>
<html>
<head>
    <title>产品信息表</title>
</head>
<body>
<h2 align="center">产品信息表</h2>
<!--<table>为表格标记-->
<table align="center" border="1px" cellpadding="12%" >
    <!--使用<colgroup>标记进行表格分组控制-->
    <colgroup>
        <col style="background-color: #FFD9EC">
        <col style="background-color: #B8B8DC">
        <col style="background-color: #BBFFBB">
        <col style="background-color: #B9B9FF">
    </colgroup>
    <tr>
        <th>产地</th>
        <th>供应商</th>
        <th>名称</th>
        <th>价格</th>
    </tr>
    <tr align="center">
        <td>北京</td>
        <td>生鲜果蔬</td>
        <td>西红柿</td>
        <td>6.5元/公斤</td>
    </tr>
    <tr align="center">
        <td>上海</td>
        <td>明辉果蔬</td>
        <td>黄瓜</td>
        <td>7.8元/公斤</td>
    </tr>
    <tr align="center">
        <td>广州</td>
        <td>天天果蔬</td>
        <td>菠萝</td>
        <td>8.2元/公斤</td>
    </tr>
</table>
</body>
</html>
```

运行结果如图 8-5 所示。

图 8-5　产品信息表显示效果

8.3　使用 CSS3 设计表格样式

使用 CSS3 设计表格样式可以使表格更美观，条理更清晰，更易于维护和更新。CSS 表格样式包括表格边框宽度、表格边框颜色、表格边框样式、表格背景、单元格背景等效果。

8.3.1　设置表格颜色

表格颜色包括背景色与前景色，CSS 使用 color 属性设置表格文本的颜色，表格文本颜色也称为前景色；使用 background-color 属性设置表格行、列或单元格的背景颜色。

【例 8-6】定义表格前景色、背景色、边框颜色与单元格的颜色，设计一个人员信息表（源代码\ch08\8.6.html）。

```
<!DOCTYPE html>
<html>
<head>
    <title>人员信息表</title>
    <style>
        *{
            padding:0px;
            margin:0px;
        }
        body{
            font-family:"黑体";
            font-size:20px;
        }
        table{
            background-color: #efefef;
            text-align:center;
            width:500px;
            border:2px solid #080908;
        }
        td{
            border:2px solid green;
            height:30px;
            line-height:30px;
        }
        .tds1{
            background-color: #46b4ef;
        }
        .tds2{
            background-color: #f3141d;
        }
    </style>
</head>
<body>
<h1 align="center">人员信息表</h1>
<table  cellspacing="3" cellpadding="0">
    <tr>
        <td>姓名</td>
        <td>性别</td>
        <td>年龄</td>
    </tr>
    <tr>
        <td>张恒</td>
        <td class=tds1>男</td>
        <td>32</td>
```

```
        </tr>
        <tr>
            <td>王丽</td>
            <td class=tds2>女</td>
            <td>28</td>
        </tr>
    </table>
    </body>
</html>
```

运行结果如图 8-6 所示，可以看到表格带有边框，边框样式显示为黑色，单元格边框显示为绿色，表格背景色为灰色，其中性别为"男"的单元格背景色为蓝色，性别为"女"的单元格背景色为红色。

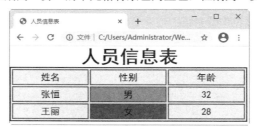

图 8-6　设置表格颜色显示效果

8.3.2　设置表格边框

在显示表格数据时，通常都带有表格边框，用来界定不同单元格的数据。边框显示之后，可以使用 CSS3 的 border-collapse 属性对边框进行修饰。语法格式如下：

```
border-collapse : separate | collapse
```

其中 separate 是默认值，表示边框会被分开。不会忽略 border-spacing 和 empty-cells 属性。而 collapse 属性表示边框会合并为一个单一的边框。会忽略 border-spacing 和 empty-cells 属性。

对其边框的宽度，用户可以使用 border-width 属性设置，从而美化边框。如果需要单独设置某一个边框宽度，可以使用 border-width 的衍生属性设置，例如 border-top-width 和 border-left-width 等。

【例 8-7】通过设置表格边框样式，设计一个家庭季度支出表（源代码\ch08\8.7.html）。

```
<!DOCTYPE html>
<html>
<head>
    <title>家庭季度支出表</title>
    <style>
        table{
            text-align:center;
            width:500px;
            border-width:3px;
            border-style:double;
            color: rgb(4, 4, 23);
            font-size:22px;
        }
        .tabelist{
            border:1px solid #000305;          /*表格边框*/
            font-family:"宋体";
            border-collapse:collapse;          /*边框重叠*/
        }
        .tabelist caption{
            padding-top:3px;
```

```
                padding-bottom:2px;
                font-weight:bolder;
                font-size:25px;
                font-family:"幼圆";
                border:2px solid #000305;        /*表格标题边框 */
            }
            .tabelist th{
                font-weight:bold;
                text-align:center;
            }
            .tabelist td{
                text-align:right;
                padding:4px;
                border-width:2px;              /*单元格边框宽度*/
                border-style:dashed;            /*单元格边框样式*/
            }
        </style>
    </head>
    <body>
    <table class="tabelist" align="center">
        <caption class="tabelist">2021 年第 1 季度</caption>
        <tr>
            <th>月份</th>
            <th>1 月</th>
            <th>2 月</th>
            <th>3 月</th>
        </tr>
        <tr>
            <td>收入</td>
            <td>8000 元</td>
            <td>9000 元</td>
            <td>7500 元</td>
        </tr>
        <tr>
            <td>吃饭</td>
            <td>600 元</td>
            <td>570 元</td>
            <td>650 元</td>
        </tr>
        <tr>
            <td>购物</td>
            <td>1000 元</td>
            <td>800 元</td>
            <td>900 元</td>
        </tr>
        <tr>
            <td>买衣服</td>
            <td>300 元</td>
            <td>500 元</td>
            <td>200 元</td>
        </tr>
    </table>
    </body>
</html>
```

运行结果如图 8-7 所示，可以看到表格带有边框显示，其边框宽度为 1 像素，直线样式，并且边框进行了合并。表格标题"2021 年第 1 季度"也带有边框显示，字体大小为 25 像素并加粗显示。表格中每个单元格都以 2 像素、破折线的样式显示边框，并将显示对象右对齐。

图 8-7　设置表格边框样式显示效果

8.3.3　表格标题位置

使用 CSS3 中的 caption-side 属性可以设置表格标题<caption>标记显示的位置，语法格式如下：

```
caption-side:top|bottom
```

其中 top 为默认值，表示标题在表格上边显示；bottom 表示标题在表格下边显示。例如修改例 8-7 中家庭支出表的标题位置，只需在代码后面添加 caption-side:bottom;语句，代码如下：

```
.tabelist caption{
    padding-top:3px;
    padding-bottom:2px;
    font-weight:bolder;
    font-size:25px;
    font-family:"幼圆";
    border:2px solid #000305;        /*表格标题边框*/
    caption-side:bottom;             /*表格标题位置*/
}
```

运行结果如图 8-8 所示，可以看到表格标题在表格的下方显示。

图 8-8　表格标题在下方显示效果

8.3.4　隐藏空单元格

使用 CSS3 中的 empty-cells 属性可以设置空单元格的显示方式，语法格式如下：

```
empty-cells:hide|show
```

其中 hide 表示当表格的单元格无内容时，隐藏该单元格的边；show 表示当表格的单元格无内容时，显示该单元格的边框。

【例 8-8】制作一个表格并隐藏表格中的空单元格（源代码\ch08\8.8.html）。

```
<!DOCTYPE html>
<html>
<head>
    <title>隐藏表格中的空单元格</title>
    <style type="text/css">
```

```
        table{
            background-color: #fdfcfc;
            color: #070707;
            empty-cells:hide;              /*隐藏空单元格*/
            border-spacing:5px;
        }
        th,td{
            border : blue solid 1px;
        }
    </style>
</head>
<body>
<h3 align="center">学生信息表</h3>
<table width="400" border="2" align="center">
    <tr>
        <th>学号</th>
        <th>姓名</th>
        <th>专业</th>
    </tr>
    <tr>
        <td>202101</td>
        <td>王子伟</td>
        <td>建筑设计</td>
    </tr>
    <tr>
        <td>202102</td>
        <td>贾雨村</td>
        <td>电子商务</td>
    </tr>
    <tr>
        <td>202103</td>
        <td>李晓雪</td>
        <td>临床医学</td>
    </tr>
    <tr>
        <td></td>
        <td></td>
        <td align="right">影视制作</td>
    </tr>
</table>
</body>
</html>
```

运行结果如图 8-9 所示，可以看到表格中的空单元格的边框已经被隐藏。

图 8-9　隐藏表格中的空单元格显示效果

8.3.5　单元格的边距

使用 CSS3 中的 border-spacing 属性可以设置单元格之间的间距，包括横向和纵向上的间距，表格不支持使用 margin 设置单元格的间距。语法格式如下：

```
border-spacing:length
```

length 的取值可以为一个或两个长度值，如果提供两个值，第一个值作用于水平方向的间距，第二个值作用于垂直方向上的间距；如果只提供一个值，这个值将同时作用于水平方向和垂直方向上的间距。

【例 8-9】制作一个表格并设置单元格之间的间距（源代码\ch08\8.9.html）。

```html
<!DOCTYPE html>
<html>
<head>
    <title>设置单元格的边距</title>
    <style type="text/css">
        table{
            background-color: #beecec;
            border-spacing:8px 15px;          /*设置表单元格的边距*/
        }
    </style>
</head>
<body>
<h3 align="center">学生信息表</h3>
<table width="400" border="1" align="center">
    <tr>
        <th>学号</th>
        <th>姓名</th>
        <th>专业</th>
    </tr>
    <tr>
        <td>202101</td>
        <td>王子伟</td>
        <td>建筑设计</td>
    </tr>
    <tr>
        <td>202102</td>
        <td>贾雨村</td>
        <td>电子商务</td>
    </tr>
    <tr>
        <td>202103</td>
        <td>李晓雪</td>
        <td>临床医学</td>
    </tr>
</table>
</body>
</html>
```

运行结果如图 8-10 所示，可以看到表格中单元格的边框发生了改变。

图 8-10　设置单元格的边距显示效果

8.4　<div>与<span>标记

对于初学者而言，<div>和<span>是两个常常被混淆的标记，因为大部分<div>标记都可以使用<span>标记代替，并且其运行结果完全一样。

<div>标记是一个区块容器标记，在<div></div>标记中可以放置一些其他的 HTML 元素，例如段落<p>、标题<h1>、表格<table>、图片<img>和表单等，然后使用 CSS3 相关属性对<div>容器标记中的元素作为一个独立对象进行修饰，这样就不会影响其他 HTML 元素了。

<span>标记是行内标记，<span>标记的前后内容不会换行，而<span>标记包含的元素会自动换行。<div>标记可以包含<span>标记元素，但<span>标记一般不包含<div>标记。

使用<div>标记的语法格式如下：

```
<div id="value" align="value" class="value" style="value">
   这是<div>标记包含的内容.
</div>
```

其中 id 为<div>标记的名称，常与 CSS 样式相结合，实现对网页中元素样式的控制；align 用于控制<div>标记中元素的对齐方式，主要包括 left（左对齐）、right（右对齐）和 center（居中对齐）；class 用于控制<div>标记中元素的样式，其值为 CSS 样式中的 class 选择符；style 用于控制<div>标记中元素的样式，其值为 CSS 属性值，各个属性之间用分号分隔。

【例 8-10】分析<div>标记和<span>标记的区别（源代码\ch08\8.10.html）。

```
<!DOCTYPE html>
<html>
<head>
<title>div 与 span 的区别</title>
</head>
<body>
   <p>使用<div>标记会自动换行: </p>
   <div><b>金谷年年,乱生春色谁为主.</b></div>
   <div><b>徐花落处.满地和烟雨.</b></div>
   <div><b>又是离歌,一阕长亭暮.</b></div>
   <p>使用<span>标记不会自动换行: </p>
   <span style="color:red"><b>怀君属秋夜,</b></span>
   <span style="color:blue"><b>散步咏凉天.</b></span>
   <span style="color:red"><b>空山松子落,幽人应未眠.</b></span>
</body>
</html>
```

运行结果如图 8-11 所示，可以看到<div>标记所包含的元素进行了自动换行，对于<span>标记，4 个 HTML 元素在同一行显示。

图 8-11　<div>标记和<span>标记的区别

在网页设计中，对于较大的块可以使用<div>完成，而对于具有独特样式的单独 HTML 元素，可以使用<span>标记完成。

8.5　新手疑难问题解答

问题 1：如何区分<div>标记和<span>标记？

解答：<div>标记是块级标记，所以<div>标记的前后会添加换行。<span>标记是行内标记，所以<span>标记的前后不会添加换行。如果需要多个标记的情况，一般使用<div>标记进行分类分组；如果是单一标记的情况，使用<span>标记进行标记内分类分组。

问题 2：在使用表格时，会发生一些变形，这是什么原因引起的？

解答：一个原因是表格排列设置在不同分辨率下出现的错位。例如在 800×600 的分辨率下，一切正常，而到了 1024×800 时，则多个表格或者有的居中、有的却左排列或右排列。

表格有左、中、右三种排列方式，如果没有特别进行设置，则默认为居左排列。在 800×600 的分辨率下，表格恰好就有编辑区域那么宽，不容易察觉，而到了 1024×800 分辨率的时候，就可能会出现错位了，解决的办法比较简单，即都设置为居中、居左或居右即可。

8.6　实战训练

实战 1：制作一个悬浮变色的销售统计表。

结合学习的 HTML 表格标记，以及使用 CSS 设计表格样式的知识，制作一个悬浮变色的销售统计表。在浏览器中的预览效果如图 8-12 所示。

实战 2：制作一个课程表。

结合前面学习的 HTML 表格标记，以及使用 CSS 设计表格样式的知识，制作一个课程表。在浏览器中的预览效果如图 8-13 所示。

图 8-12　销售统计表显示效果　　　　　　图 8-13　课程表显示效果

第9章

网页中的表单

在网页中，表单的作用非常重要，它主要负责采集浏览者的相关数据。例如常见的登录表、调查表和留言表等。在 HTML5 中，表单有多种新的表单输入类型，这些新特性提供了更好的输入控制和验证。本章就来介绍网页中表单的应用。

9.1 表单概述

表单主要用于收集网页上浏览者的相关信息，本节介绍表单的相关概念，包括表单标记及其相关属性值。

9.1.1 表单定义

表单是一个能够包含表单元素的区域，通过添加不同的表单元素，显示不同的效果。表单元素是能够让用户在表单中输入信息的元素。例如，京东商城的用户登录界面，就是通过表单填写用户的相关信息的，如图 9-1 所示。在网页中，最常见的表单形式主要包括文本框、密码框、按钮、单选按钮、复选框等。

图 9-1 用户登录界面

9.1.2 表单标记<form>

表单是网页上的一个特定区域，这个区域通过标记<form></form>声明，相当于一个表单容器，表示其他的表单标记需要在其范围内才有效。也就是说，在<form>与</form>之间的一切都属于表单的内容，这里的内容可以包含所有的表单控件。

在表单的<form></form>标记中，还可以设置表单的基本属性，包括表单的名称、处理程序、传送方式等。语法格式如下：

```
<form action="" name="" method="" enctype="" target=""></form>
```

主要参数介绍如下：

- action：指定处理提交表单的格式，它可以是一个 URL 地址或一个电子邮件地址。
- name：表单名称尽量与表单的功能相符，并且名称中不含有空格和特殊符号。
- method：指明提交表单的 HTTP 方法，包括 get 和 post 两种。
- enctype：指明用来将表单提交给服务器时的互联网媒体形式。
- target：目标窗口的打开方式。

9.2 输入标记

在网页设计中，最常用的输入标记是<input>标记，通过设置该标记的属性，可以实现不同的输入效果。

9.2.1 文本框

表单中的文本框主要有两种，分别是单行文本框和密码输入框。不同的文本框对应的属性值也不同，对应的表现形式和应用也各有差异。

1. 单行文本框（text）

text 用来设定在表单的文本框中输入任何类型的文本、数字和字母，输入的内容以单行显示，单行文本框通常被用来填写单个字或者简短的回答，例如用户姓名和地址等。语法格式如下：

```
<input type="text" name="…" size="…" maxlength="…" value="…">
```

主要参数介绍如下：

- type="text"：定义单行文本输入框。
- name：定义文本框的名称，要保证数据的准确采集，必须定义一个独一无二的名称。
- size：定义文本框的宽度，单位是单个字符宽度。
- maxlength：定义最多输入的字符数。
- value：定义文本框的初始值。

2. 密码输入框（password）

密码输入框是一种特殊的文本域，输入到文本域中的文字均以星号（*）或圆点（•）显示。语法格式如下：

```
<input type="password" name="…" size="…" maxlength="…">
```

【例 9-1】制作一个账户登录页面（源代码\ch09\9.1.html）。

```
<!DOCTYPE html>
<html>
<head>
    <title>输入用户姓名和密码</title>
</head>
<body>
<form>
    <h3>账户登录</h3>
```

```
       账号: <input type="text" name="yourname">
       <br/>
       密码: <input type="password" name="yourpw"><br/>
</form>
</body>
</html>
```

运行结果如图 9-2 所示。输入用户名和密码时，可以看到密码以圆点的形式显示。

图 9-2 账户登录页面显示效果

9.2.2 单选按钮和复选框

在设计调查问卷或商城购物页面时，经常会用到单选按钮和复选框。

1. 单选按钮（radio）

单选按钮主要是让网页浏览者在一组选项里只能选择一个。语法格式如下：

```
<input type="radio" name="" value="">
```

主要参数介绍如下：

- type="radio"：定义单选按钮。
- name：定义单选按钮的名称，单选按钮都是以组为单位使用的，在同一组中的单选项必须用同一个名称。
- value：定义单选按钮的值，在同一组中，它们的域值不能相同。

2. 复选框（checkbox）

复选框主要是让网页浏览者在一组选项里可以同时选择多个选项。每个复选框都是一个独立的元素，都必须有一个唯一的名称。语法格式如下：

```
<input type="checkbox" name="" value="">
```

主要参数介绍如下：

- type="checkbox"：定义复选框。
- name：定义复选框的名称，在同一组中的复选框必须用同一个名称。
- value：定义复选框的值。

【例 9-2】制作一份调查问卷（源代码\ch09\9.2.html）。

```
<!DOCTYPE html>
<html>
<head>
    <title>大学生调查问卷</title>
</head>
<body>
<h3>图书馆满意度调查表</h3>
<form>
    <div>姓名: <input type="text">
        <span>性别: </span>
```

```
        <input type="radio" name="sex">男
        <input type="radio" name="sex">女
    </div>
    <div><p>1、是否经常光顾图书馆</p>
        <input type="radio" name="com">是的
        <input type="radio" name="com">不,去过一两次
        <input type="radio" name="com">没去过
    </div>
    <div>
        <p>2、对于图书馆,您最满意的是</p>
        <input type="checkbox">服务态度
        <input type="checkbox">图书种类
        <input type="checkbox">配套设施
        <input type="checkbox">学习环境
    </div>
</form>
</body>
</html>
```

运行结果如图 9-3 所示。

图 9-3　调查问卷页面效果

9.2.3　按钮

网页中的按钮按功能通常可以分为普通按钮、提交按钮和重置按钮。

1. 普通按钮（button）

普通按钮用来控制其他定义了处理脚本的处理工作。语法格式如下：

```
<input type="button" name="…" value="…" onClick="…">
```

主要参数介绍如下：

- type="button"：定义为普通按钮。
- name：定义普通按钮的名称。
- value：定义按钮的显示文字。
- onClick：表示单击行为，也可以是其他事件，通过指定脚本函数来定义按钮的行为。

2. 提交按钮（submit）

提交按钮用来将输入的信息提交到服务器。语法格式如下：

```
<input type="submit" name="…" value="…">
```

主要参数介绍如下：

- type="submit"：定义为提交按钮。

- name：定义提交按钮的名称。
- value：定义按钮的显示文字，通过提交按钮可以将表单里的信息提交给表单中 action 所指向的文件。

3. 重置按钮（reset）

重置按钮又称为复位按钮，用来重置表单中输入的信息。语法格式如下：

```
<input type="reset" name="…" value="…">
```

主要参数介绍如下：

- type="reset"：定义复位按钮。
- name：定义复位按钮的名称。
- value：定义按钮的显示文字。

【例 9-3】创建一个供应商联系信息表（源代码\ch09\9.3.html）。

```html
<!DOCTYPE html>
<html>
<head>
    <title>信息联系表</title>
</head>
<body>
<h3>供应商信息联系表</h3>
<form  action=" " method="get">
    您的姓名：
    <input type="text" name="yourname">
    <br/>
    您的住址：
    <input type="text" name="youradr">
    <br/>
    您的单位：
    <input type="text" name="yourcom">
    <br/>
    联系方式：
    <input type="text" name="yourcom">
    <br/>
    <br/>
    <input type="submit" value="提交">
    <input type="button" value="保存" onclick="alter('保存信息成功')">
    <input type="reset" value="重填">
</form>
</body>
</html>
```

运行结果如图 9-4 所示。输入内容后单击"提交"按钮，即可实现将表单中的数据发送到指定的文件；单击"重填"按钮，即可将表单中的数据清空以便重新填写。

图 9-4　信息联系表显示效果

9.2.4　图像域和文件域

为了丰富表单中的元素，可以使用图像域，从而解决表单中按钮比较单调，与页面内容不协调的问题。如果需要上传文件，往往需要通过文件域完成。

1. 图像域（image）

如需在"提交"按钮上添加图片，使图片具有按钮功能，可通过图像域完成。语法格式如下：

```
<input type="image" src="图片的地址" name="代表的按键" >
```

主要参数介绍如下：

- type="image"：定义为图片上传框。
- src：用于设置图片的地址。
- name：用于设置代表的按键，如 submit 或 button 等，默认值为 button。

2. 文件域（file）

使用 file 属性可以实现文件上传框。语法格式如下：

```
<input type="file" accept=" " name=" " size=" " maxlength=" ">.
```

主要参数介绍如下：

- type="file"：定义为文件上传框。
- accept：用于设置文件的类别，可以省略。
- name：为文件上传框的名称。
- size：定义文件上传框的宽度，单位是单个字符宽度。
- maxlength：定义最多输入的字符数。

【例 9-4】创建银行系统实名认证页面（源代码\ch09\9.4.html）。

```
<!doctype html>
<html>
<head>
<title>文件和图像域</title>
</head>
<body>
<div>
<h2 align="center">银行系统实名认证</h2>
<form>
        <h3>请上传您的身份证正面图片：</h3>
        <!--两个文件域-->
        <input type="file">
        <h3>请上传您的身份证背面图片：</h3>
        <input type="file"><br/><br/>
        <!--图像域-->
        <input type="image" src="pic/anniu.jpg" >
</form>
</div>
</body>
</html>
```

运行结果如图 9-5 所示。单击"选择文件"按钮，即可选择需要上传的图片文件。

图 9-5　银行系统实名认证页面显示效果

9.3 文本域与列表

文本域可以显示多行文字，而列表可以有多个选择项，与单选按钮或多选按钮相比，列表可以减少代码量，节省很多空间。

9.3.1 文本域

多行文本输入框（textarea）主要用于输入较长的文本信息。语法格式如下：

```
<textarea name="…" cols="…" rows="…" wrap="…"></textarea>
```

主要参数介绍如下：
- name：定义多行文本框的名称，要保证数据的准确采集，必须定义一个独一无二的名称。
- cols：定义多行文本框的宽度，单位是单个字符宽度。
- rows：定义多行文本框的高度，单位是单个字符宽度。
- wrap：定义输入内容大于文本域时显示的方式。

【例 9-5】使用文本框实现留言板功能（源代码\ch09\9.5.html）。

```html
<!DOCTYPE html>
<html>
<head>
    <title>留言本</title>
</head>
<body>
<form>
        <h5>留言板</h5>
        <h4>主人寄语</h4>
        <textarea  cols="80" rows="6" readonly>欢迎光临我的空间</textarea>
        <h4 class="edit">发表您的留言</h4>
        <textarea  cols="80" rows="6"></textarea>
        <input type="button" value="发表">
        <label><input type="checkbox">使用签名档 </label>
        <label> <input type="checkbox">私密留言</label>
</form>
</body>
</html>
```

运行结果如图 9-6 所示。

图 9-6 多行文本输入框显示效果

9.3.2 列表/菜单

列表框主要用于在有限的空间里设置多个选项。列表框既可以用作单选，也可以用作复选。语法格式如下：

```
<select name="···" size="···" multiple>
<option value="···" selected>
···
</option>
···
</select>
```

主要参数介绍如下：
- size：定义列表框的行数。
- name：定义列表框的名称。
- multiple：表示可以多选，如果不设置该属性，则只能单选。
- value：定义列表项的值。
- selected：表示默认已经选中本选项。

【例 9-6】创建学生信息调查表页面（源代码\ch09\9.6.html）。

```
<!DOCTYPE html>
<html>
<head>
        <title>学生信息调查表</title>
</head>
<body>
<form>
        <h2 align=" center">学生信息调查表</h2>
        <div>
                <p>1．请选择您目前的学历：</p>
                <!--下拉菜单实现学历选择-->
                <select>
                        <option>初中</option>
                        <option>高中</option>
                        <option>大专</option>
                        <option>本科</option>
                        <option>研究生</option>
                </select>
        </div>
        <div>
                <p>2．请选择您感兴趣的技术方向：</p>
                <!--下拉菜单中显示 4 个选项-->
                <select name="book" size = "4" multiple>
                        <option value="Book1">网站编程
                        <option value="Book2">办公软件
                        <option value="Book3">设计软件
                        <option value="Book4">网络管理
                        <option value="Book5">网络安全
                </select>
        </div>
</form>
</body>
</html>
```

运行结果如图 9-7 所示。可以看到两个列表框，均有多个选项可选，用户可以按住 Ctrl 键，选择多个选项。

图 9-7 列表框的显示效果

9.4 使用 CSS3 设计表单样式

使用 CSS3 可以设计表单样式，表单设计的主要目的是让表单更美观、更好用，从而提升用户的交互体验。

9.4.1 表单字体样式

表单对象上的显示值一般为文本或一些提示性文字，使用 CSS3 中的字体样式可以修改表单对象上的字体样式，从而使表单更加好看。

【例 9-7】创建一个网站会员登录页面并设置表单字体样式（源代码\ch09\9.7.html）。

```
<!DOCTYPE html>
<html>
<head>
    <title>表单字体样式</title>
    <style type="text/css">
        body{                           /*定义网页背景色,并居中显示*/
            margin: 0px;
            padding:0px;
            font-size: 20px;
        }
        #form1 #bold{                   /*加粗字体表单样式*/
            font-weight: bold;
            font-size: 15px;
            font-family:"宋体";
        }
        #form1 #blue{                   /*蓝色字体表单样式*/
            font-size: 15px;
            color: #0000ff;
        }
        #form1 select{                  /*定义下拉菜单字体红色显示*/
            font-size: 15px;
            color: #ff0000;
            font-family: verdana,arial;
        }
        #form1 textarea {               /*定义文本区域内显示字符为蓝色下画线样式*/
            font-size: 14px;
            color: #000099;
            text-decoration: underline;
            font-family: verdana, arial;
        }
```

```
                    #form1 #submit {              /*定义登录按钮字体颜色为绿色*/
                           font-size: 16px;
                           color:green;
                           font-family:"黑体";
                    }
            </style>
</head>
<body>
<p align="center">网站会员登录</p>
<div align="center">
<form name="form1" action="#" method="post" id="form1">
        用户名称
        <input maxlength="10" size="10"  name="bold" id="bold">
        <br/>
        用户密码
        <input type="password" maxlength="12" size="8" name="blue" id="blue">
        <br>
        选择性别
        <select name="select" size="1">
                <option value="2" selected>男</option>
                <option value="1">女</option>
        </select>
        <br>
        自我简介
        <br>
        <textarea name="txtarea" rows="5" cols="30" align="right">下画线样式</textarea>
        <br>
        <input type="submit" value="登录" name="submit" id="submit">
        <input type="reset" value="取消" name="reset">
</form>
</div>
</body>
</html>
```

运行结果如图 9-8 所示。在上述代码中，用<form>标记创建了一个表单，并添加了相应的表单对象，同时设置了表单对象字体样式的显示方法，如名称框的显示方法为加粗、选择列表框的字体为红色、登录按钮的字体为绿色、多行文本框字体样式为蓝色加下画线显示等。

图 9-8   设置表单字体样式显示效果

9.4.2   表单边框样式

使用 CSS3 中的 border 属性可以定义表单对象的边框样式，使用 CSS3 中的 padding 属性可以调整表单对象的边距。

【例 9-8】 创建一个个人信息注册页面并设置表单边框样式（源代码\ch09\9.8.html）。

```
<!DOCTYPE html>
<html>
<head>
        <title>个人信息注册页面</title>
        <style type=text/css>
                body{                                    /*定义网页背景色,并居中显示*/
                        background: #CCFFFF;
                        margin: 0;
                        padding:0;
                        text-align: center;
                }
                #form1{                                  /*定义表单边框样式*/
                        width:450px;                     /*固定表单宽度*/
                        background:#fff;                 /*定义表单背景为白色*/
                        text-align:left;                 /*表单对象左对齐*/
                        padding:12px 32px;               /*定义表单边框边距*/
                        margin:0 auto;
                        font-size:12px;                  /*统一字体大小*/
                }
                #form1 h3{                               /*定义表单标题样式,并居中显示*/
                        border-bottom:dotted 2px #747272;
                        text-align:center;
                        font-weight:bolder;
                        font-size: 20px;
                }
                ul{
                        padding:0;
                        margin:0;
                        list-style-type:none;
                }
                input{
                        border:groove #ec0707 1px;
                }
                .label {
                        font-size:13px;
                        font-weight:bold;
                        margin-top:0.7em;
                }
        </style>
</head>
<body>
<form id=form1 method=post enctype=multipart/form-data>
        <h3>个人信息注册页面</h3>
        <ul>
                <li class="label">姓名</li>
                <li><input id=field1 size=20 name=field1></li>
                <li class="label">职业</li>
                <li><input name=field2 id=field2 size="20"></li>
                <li class="label">详细地址</li>
                <li><input name=field3 id=field3 size="50"></li>
                <li class="label">邮编</li>
                <li><input name=field4 id=field4 size="20" maxlength="12"></li>
                <li class="label">省市</li>
                <li><input id=field5 name=field5></li>
                <li class="label">E-mail</li>
                <li><input id=field7 maxlength=255 name=field11></li>
                <li class="label">电话</li>
                <li><input maxlength=6 size=20 name=field8></li>
                <li class="label"><input id=saveform type=submit value=提交>
                <input type="button" value="保存" onclick="alter('保存信息成功')">
                <input type="reset" value="重填"></li>
```

```
            </ul>
    </form>
    </body>
    </html>
```

运行结果如图 9-9 所示。

图 9-9　设置表单边框样式显示效果

9.4.3　表单背景样式

使用 background-color 属性可以定义表单元素背景色，这样可以使表单元素不那么单调。

【例 9-9】制作一个注册页面并设置表单背景颜色（源代码\ch09\9.9.html）。

```
<!DOCTYPE html>
<html>
<head>
    <title>设置表单背景色</title>
    <style type=text/css>
        input{                              /* 所有<input>标记 */
            color: #000;
        }
        input.txt{                          /* 文本框单独设置 */
            border: 1px inset #cad9ea;
            background-color: #ADD8E6;
        }
        input.btn{                          /* 按钮单独设置 */
            color: #00008B;
            background-color: #ADD8E6;
            border: 1px outset #cad9ea;
            padding: 1px 2px 1px 2px;
        }
        select{
            width: 80px;
            color: #00008B;
            background-color: #ADD8E6;
            border: 1px solid #cad9ea;
        }
        textarea{
            width: 200px;
            height: 40px;
            color: #00008B;
            background-color: #ADD8E6;
            border: 1px inset #cad9ea;
        }
    </style>
```

```
    </head>
    <body>
    <h3 align="center">注册页面</h3>
    <table border="1" width=380px align="center">
            <form method="post">
                    <tr>
                            <td width="25%">昵称:</td>
                            <td><input class=txt></td>
                    </tr>
                    <tr>
                            <td>密码:</td>
                            <td><input type="password"></td>
                    </tr>
                    <tr>
                            <td>确认密码:</td>
                            <td><input type="password" ></td>
                    </tr>
                    <tr>
                            <td>真实姓名: </td>
                            <td><input name="username1"></td>
                    </tr>
                    <tr>
                            <td>性别:</td>
                            <td>
                                    <select>
                                            <option>男</option>
                                            <option>女</option>
                                    </select>
                            </td>
                    </tr>
                    <tr>
                            <td>E-mail 地址:</td>
                            <td><input value="sohu@sohu.com"></td>
                    </tr>
                    <tr>
                            <td>备注:</td>
                            <td><textarea cols=35 rows=10></textarea></td>
                    </tr>
                    <tr>
                            <td><input type="button" value="提交" class=btn/></td>
                            <td><input type="reset" value="重填"/></td>
                    </tr>
            </form>
    </table>
    </body>
    </html>
```

运行结果如图 9-10 所示,可以看到表单中"昵称"输入框、"性别"下拉框和"备注"文本框中都显示了指定的背景颜色。

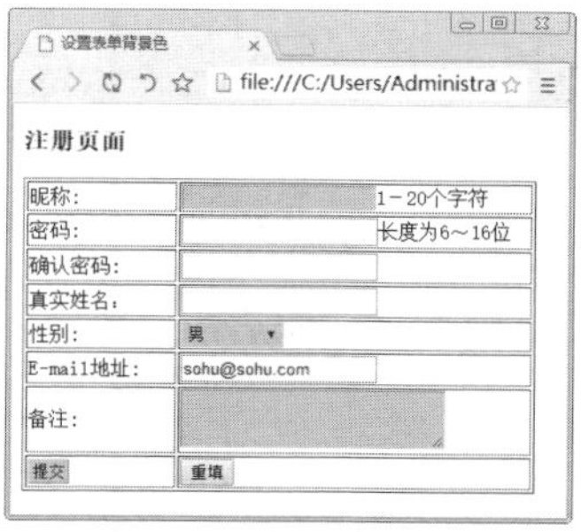

图 9-10　美化表单元素显示效果

9.4.4 表单按钮样式

通过对表单元素背景色的设置，可以在一定程度上美化提交按钮，例如可以使用 background-color 属性，将其值设置为 transparent（透明色），这样就能使表单按钮成为透明样式，这是最常见的美化提交按钮的方式。

【例 9-10】设置表单按钮为透明样式（源代码\ch09\9.10.html）。

```
<!DOCTYPE html>
<html>
<head>
        <title>美化提交按钮</title>
        <style type=text/css>
                form{
                        margin:0px;
                        padding:0px;
                        font-size:14px;
                }
                input{
                        font-size:14px;
                        font-family:"幼圆";
                }
                .t{

                        border-bottom:1px solid #005aa7;        /* 下画线效果 */
                        color:#005aa7;
                        border-top:0px; border-left:0px;
                        border-right:0px;
                        background-color:transparent;           /* 背景色透明 */
                }
                .n{
                        background-color:transparent;           /* 背景色透明 */
                        border:0px;                             /* 边框取消 */
                }
        </style>
</head>
<body>
<center>
        <h1>签名页</h1>
        <form method="post">
                值班主任: <input  id="name" class="t">
                <input type="submit" value="提交上一级签名>>" class="n">
        </form>
</center>
</body>
</html>
```

运行结果如图 9-11 所示，可以看到输入框只剩下一个下边框显示，其他边框被去掉了；提交按钮只显示文字，常见的矩形形式被去掉了。

图 9-11 设置表单按钮为透明样式显示效果

9.4.5　下拉菜单样式

使用 CSS3 的 font 相关属性可以美化下拉菜单文字。例如 font-size、font-weight 等，对于颜色设置可以采用 color 和 background-color 属性设置。

【例 9-11】美化下拉菜单样式（源代码\ch09\9.11.html）。

```
<!DOCTYPE html>
<html>
<head>
        <title>美化下拉菜单</title>
        <style type=text/css>
                body{
                        font-size:20px;
                }
                .change{
                        font-size:20px;
                }
                .blue{
                        background-color:#7598FB;
                        color: #000000;
                        font-size:20px;
                        font-weight:bolder;
                }
                .red{
                        background-color:#E20A0A;
                        color: #ffffff;
                        font-size:20px;
                        font-weight:bolder;
                }
                .yellow{
                        background-color:#FFFF6F;
                        color: #000000;
                        font-size:20px;
                        font-weight:bolder;
                }
                .orange{
                        background-color:orange;
                        color:#000000;
                        font-size:20px;
                        font-weight:bolder;
                }
        </style>
</head>
<body>
<form>
        <label>选择暴雨预警信号级别:</label>
        <select value="change" class="change">
                <option value="change" class="change">请选择</option>
                <option value="blue" class="blue">暴雨蓝色预警信号</option>
                <option value="yellow" class="yellow">暴雨黄色预警信号</option>
                <option value="orange" class="orange">暴雨橙色预警信号</option>
                <option value="red" class="red">暴雨红色预警信号</option>
        </select>
</form>
</body>
</html>
```

运行结果如图 9-12 所示，可以看到下拉菜单显示效果，每个菜单项显示不同的背景色，用以与其他菜单项区别。

图 9-12　设置下拉菜单样式显示效果

9.5　新手疑难问题解答

问题 1：制作的单选按钮为什么可以同时选中多个选项？

解答：此时用户需要检查单选按钮的名称，保证同一组中的单选按钮名称必须相同，这样才能保证单选按钮只能选中其中一个选项。

问题 2：文件域上显示的"选择文件"的文字可以更改吗？

解答：文件域上显示的"选择文件"的文字目前还不能直接修改。如果想显示为自定义的文字，可以通过 CSS 间接修改显示效果。

9.6　实战训练

实战 1：制作一个用户登录页面。

结合本章所学知识，创建一个简单的登录页面，运行效果如图 9-13 所示。

实战 2：显示日历信息。

在 HTML5 中，新增了表单日期输入类型 date，可以实现日历的选择，运行效果如图 9-14 所示。

图 9-13　用户登录页面显示效果

图 9-14　日历信息显示效果

第10章

JavaScript 基础入门

无论是传统编程语言，还是脚本语言，都具有数据类型、常量和变量、注释语句、算术运算符等基本元素，这些基本元素构成了编程基础。本章就来介绍 JavaScript 基础入门，主要内容包括 JavaScript 的语法、变量、数据类型、关键字、保留字、运算符等。

10.1　JavaScript 概述

JavaScript 是一种由 Netscape 的 LiveScript 发展而来的面向过程的客户端脚本语言，为客户提供更流畅的浏览效果。

10.1.1　JavaScript 能做什么

JavaScript 是一种解释性的，基于对象的脚本语言（Object-based scripting language）。使用 JavaScript 脚本实现的动态页面在 Web 上随处可见。

1. 验证用户输入的内容

使用 JavaScript 脚本语言可以在客户端对用户输入的数据进行验证。例如，在制作用户登录信息页面时，要求用户输入账户名和密码，以确定用户输入信息是否正确。如果用户输入的密码不正确，将输出"登录名或登录密码不正确"的信息提示，如图 10-1 所示。

2. 实现动画特效

在浏览网页时，经常会看到一些动画特效，会使页面显得更加生动，使用 JavaScript 脚本也可以实现动画效果。例如，一些购物网站中的商品图片轮播效果，如图 10-2 所示。

图 10-1　登录界面

图 10-2　图片轮播界面

由于使用 JavaScript 脚本所实现的大量互动性功能都是在客户端完成的，不需要和 Web Server 发生任何数据交换，因此不会增加 Web Server 的负担。

10.1.2 JavaScript 的主要特点

JavaScript 脚本语言的主要特点如下：

1. 解释性

JavaScript 是一种采用小程序段方式来实现编程的脚本语言。同其他脚本语言一样，JavaScript 是一种解释性语言，在程序运行过程中被逐行地解释。此外，它还可以与 HTML 标识结合在一起，从而方便用户的使用。

2. 基于对象

JavaScript 是一种基于对象的语言，同时也可以看作是一种面向对象的语言，这意味着它能运用自己已经创建的对象。因此，很多功能可以来自于脚本环境中对象的方法与脚本的相互作用。

3. 安全性

JavaScript 是一种安全性语言。它不允许访问本地的硬盘，并不能将数据存到服务器上，不允许对网络文档进行修改和删除，只能通过浏览器实现信息浏览或动态交互，从而有效防止数据丢失。

4. 动态性

JavaScript 是动态的，它可以直接对用户或客户输入做出响应，无须经过 Web 服务程序。它采用以事件驱动的方式对用户的反映做出响应。所谓事件驱动，就是指在主页（Home Page）中执行了某种操作所产生的动作。例如按下鼠标、移动窗口、选择菜单等均可视为事件。当事件发生后，可能会引起相应的事件响应。

5. 跨平台性

JavaScript 依赖于浏览器本身，与操作环境无关。只要能运行浏览器的计算机，并支持 JavaScript 的浏览器就可正确执行。

在网页中执行 JavaScript 代码可以分为以下几种情况，分别是在网页头中执行、在网页中执行、在网页的元素事件中执行、调用已经存在的 JavaScript 文件、将 JavaScript 代码作为属性值执行等。

10.1.3 JavaScript 在 HTML 中的使用

JavaScript 在 HTML 中常用的方法有两种，一种是在页面中直接嵌入 JavaScript 代码，另一种是链接外部的 JavaScript 文件。

1. 在网页中执行 JavaScript 代码

在 HTML 文档中可以使用<script></script>标记将 JavaScript 脚本嵌入其中，在 HTML5 文档中可以使用多个<script>标记，每个<script>标记中可以包含多个 JavaScript 的代码集合。<script>标记常用的属性如表 10-1 所示。

表 10-1　<script>标记常用的属性

属 性 名	说　　明
language	设置所使用的脚本语言及版本
src	设置一个外部脚本文件的路径位置
type	设置所使用的脚本语言，指定脚本的 MIME 类型
defer	此属性表示当 HTML5 文档加载完毕后再执行脚本代码

在 HTML 页面中直接嵌入 JavaScript，如图 10-3 所示。

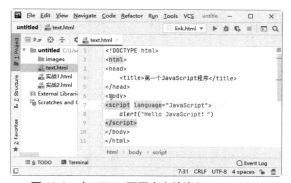

图 10-3　在 HTML 页面中直接嵌入 JavaScript

另外，JavaScript 代码还可以放在 HTML 网页的<head>与</head>标记中。

2. 在网页中调用已经存在的 JavaScript 文件

如果 JavaScript 的内容较长，或者多个 HTML 网页中都调用相同的 JavaScript 程序，可以将较长的 JavaScript 或者通用的 JavaScript 写成独立的.js 文件，直接在 HTML 网页中调用。语法格式如下：

```
<script language="JavaScript" src = "your-JavaScript.js"></script>
```

在 HTML 页面中链接外部 JavaScript 文件，如图 10-4 所示。

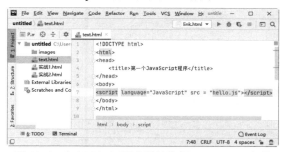

图 10-4　在 HTML 页面中链接外部 JavaScript 文件

10.2　JavaScript 的语法

与 C、Java 及其他语言一样，JavaScript 也有自己的语法，但只要熟悉其他语言就会发现 JavaScript 的语法是非常简单的。

10.2.1　代码执行顺序

JavaScript 程序按照在 HTML 文件中出现的顺序逐行执行，如果需要在整个 HTML 文件中执行，最好将其放在 HTML 文件的<head></head>标记当中。某些代码，如函数体内的代码，不会被立即执行，只有当所在的函数被其他程序调用时，该代码才被执行。

10.2.2　区分大小写

JavaScript 对字母大小写敏感，也就是说在输入语言的关键字、函数、变量以及其他标识符时，一定要严格区分字母的大小写。例如，变量 username 与变量 userName 是两个不同的变量。

提示：HTML 不区分大小写。由于 JavaScript 与 HTML 紧密相关，这一点很容易混淆，许多 JavaScript 对象和属性都与其代表的 HTML 标签或属性同名，在 HTML 中，这些名称可以以任意的大小写方式输入而不会引起混乱，但在 JavaScript 中，这些名称通常都是小写的。例如，在 HTML 中的事件处理器属性 ONCLICK 通常被声明为 onClick 或 Onclick，而在 JavaScript 中只能使用 onclick。

10.2.3　分号与空格

在 JavaScript 语句中，分号是可有可无的，这一点与 Java 语言不同，JavaScript 并不要求每行必须以分号作为语句的结束标志。如果语句的结束处没有分号，JavaScript 会自动将该代码的结尾作为语句的结尾。例如，下面的两行代码书写方式都是正确的：

```
Alert ("hello,JavaScript")
Alert ("hello,JavaScript");
```

提示：作为程序开发人员应养成良好的编程习惯，每条语句以分号作为结束标志以增强程序的可读性，这样也能避免一些非主流浏览器的不兼容。

另外，JavaScript 会忽略多余的空格，用户可以向脚本添加空格来提高其可读性。下面的两行代码是等效的：

```
var name="Hello";
var name = "Hello";
```

10.2.4　注释语句

与 C、C++、Java、PHP 相同，JavaScript 的注释分为两种，一种是单行注释，例如：

```
//输出标题：
document.getElementById("myH1").innerHTML="欢迎来到我的主页";
//输出段落：
```

另一种是多行注释，例如：

```
/*
下面的这些代码会输出
一个标题和一个段落
并将代表主页的开始
*/
document.getElementById("myH1").innerHTML="欢迎来到我的主页";
document.getElementById("myP").innerHTML="这是我的第一个段落.";
```

10.3　JavaScript 语言基础

变量是用来临时存储数值的容器，在程序中，变量存储的数值是可以变化的，变量占据一段内存，通过变量的名字可以调用内存中的信息。JavaScript 的变量能够保存多种数据类型。

10.3.1　认识变量

JavaScript 是一种弱类型的脚本语言，变量可以在不声明的情况下直接使用，但在实际使用过程中，最好还是先使用 var 关键字对变量进行声明。声明变量具有以下几种规则：

- 可以使用关键字 var 同时声明多个变量，如语句 var x,y;就同时声明了 x 和 y 两个变量。
- 可以在声明变量的同时对其赋值（称为初始化），例如 var president = "henan";var x=5,y=12;声明了 3 个变量 president、x 和 y，并分别对其进行了初始化。如果出现重复声明的变量，且该变量已有一个初始值，则此时的声明相当于对变量重新赋值。
- 如果只是声明了变量，并未对其赋值，其值缺省为 undefined。
- var 语句可以用作 for 循环和 for/in 循环的一部分，这样可以使得循环变量的声明成为循环语法自身的一部分，使用起来较为方便。

☆**大牛提醒**☆

JavaScript 变量声明时，不指定变量的数据类型。一个变量一旦声明，可以存放任何数据类型的信息，JavaScript 会根据存放信息类型自动为变量分配合适的数据类型。

【例 10-1】通过定义变量，输入人员姓名（源代码\ch10\10.1.html）。

```html
<!DOCTYPE>
    <html>
    <head>
    <title> 定义变量 </title>
    </head>
    <body>
    <script>
    var myName = "张晓明";
    alert(myName);
    </script>
    </body>
    </html>
```

运行结果如图 10-5 所示。

10.3.2　数据类型

JavaScript 中包含多种数据类型，如字符串（String）、数值（Number）、对象（Object）等。下面介绍一些常用的数据类型。

1. 数值类型

图 10-5　定义变量后的运行结果

JavaScript 数值类型表示一个数字，如 5、12、–5、2e5 等，在 JavaScript 中数值类型有正数、负数、指数等类型。

【例 10-2】输出不同类型的数值（源代码\ch10\10.2.html）。

```html
<!DOCTYPE html>
<html>
<body>
<script type="text/javascript">
    var x1=36.00;
    var x2=36;
    var y=123e5;
    var z=123e-5;
    document.write(x1 + "<br />")
    document.write(x2 + "<br />")
    document.write(y + "<br />")
    document.write(z + "<br />")
</script>
```

```
        </body>
        </html>
```

运行结果如图 10-6 所示。

2. 字符串

字符串由零个或者多个字符构成，字符可以包括字母、数字、标点符号和空格，而且字符串必须放在单引号或者双引号里。JavaScript 字符串定义如下：

```
var str = "字符串";                 /*方法 1*/
var str = new String("字符串");     /*方法 2*/
```

JavaScript 字符串使用注意事项如下：

- 字符串类型可以表示一串字符，比如"www.haut.edu.cn"、'中国'。
- 字符串类型应使用双引号(")或单引号(')引起来。

【例 10-3】定义字符串并获取字符串的长度，然后使字符串的大小写进行转换（源代码\ch10\10.3.html）。

```
<!DOCTYPE>
<html>
<head>
    <title> 字符串的应用 </title>
</head>
<script type="text/javascript">
    var txt="Hello World!"
    document.write("Hello World!的字符个数： " + txt.length+"</p>");
    document.write("正常显示为： " + txt + "</p>")
    document.write("以小写方式显示为： " + txt.toLowerCase() + "</p>")
    document.write("以大写方式显示为： " + txt.toUpperCase() + "</p>")
    document.write("按照本地方式把字符串转化为小写： " + txt.toLocaleLowerCase() + "</p>")
    document.write("按照本地方式把字符串转化为大写： " + txt.toLocaleUpperCase() + "</p>")
</script>
</body>
</html>
```

运行结果如图 10-7 所示。

图 10-6　输出数值

图 10-7　字符串大小转换

10.3.3　认识运算符

运算符是在表达式中用于进行运算的符号，例如运算符=用于赋值、运算符+用于将数值加起来，使用运算符可进行算术、赋值、比较、逻辑等各种运算。例如 2+3，其操作数是 2 和 3，而运算符则是 "+"。

1. 赋值运算符

赋值运算符是将一个值赋给另一个变量或表达式的符号，最基本的赋值运算符为 "="，主要用于将运算符右边的操作数的值赋给左边的操作数。如表 10-2 所示为 JavaScript 中的赋值运算符。

表 10-2　赋值运算符

操 作 符	描 述
=	简单的赋值运算符，将右操作数的值赋给左侧操作数
+=	加和赋值操作符，将左操作数和右操作数相加赋值给左操作数
-=	减和赋值操作符，将左操作数和右操作数相减赋值给左操作数
*=	乘和赋值操作符，将左操作数和右操作数相乘赋值给左操作数
/=	除和赋值操作符，将左操作数和右操作数相除赋值给左操作数
（%）=	取模和赋值操作符，将左操作数和右操作数取模后赋值给左操作数

【例 10-4】赋值运算符的复杂应用（源代码\ch10\10.4.html）。

```html
<!DOCTYPE HTML>
<html>
<head>
    <title>赋值运算符</title>
<body>
<script type="text/javaScript">
    var a;              //定义变量
    a = 8;              //给变量赋值
    document.write("给变量 a 赋值后,a=" + a+ "<br>");
    a += 10;
    document.write("对变量进行+= 10 操作后,a=" + a + "<br>");
    a -= 4;
    document.write("对变量进行-= 4 操作后,a=" + a + "<br>");
    a *= 3;
    document.write("对变量进行*= 3 操作后,a=" + a+ "<br>");
    a /= 5;
    document.write("对变量进行/= 5 操作后,a=" + a + "<br>");
    a %= 3;
    document.write("对变量进行%= 3 操作后,a=" + a + "<br>");
    a &= 2;
    document.write("对变量进行&= 2 操作后,a=" + a + "<br>");
    a ^= 2;
    document.write("对变量进行^= 2 操作后,a=" + a + "<br>");
    a |= 2;
    document.write("对变量进行|= 2 操作后,a=" + a + "<br>");
    a <<= 2;
    document.write("对变量进行<<= 2 操作后,a=" + a + "<br>");
    a >>= 2;
    document.write("对变量进行>>= 2 操作后,a=" + a + "<br>");
    a >>>= 2;
    document.write("对变量进行>>>= 2 操作后,a=" +a );
</script>
</body>
</head>
</html>
```

运行结果如图 10-8 所示。

图 10-8　赋值运算符的应用效果

2. 算术运算符

算术运算符用于各类数值之间的运算，是比较简单的运算符，也是在实际操作中经常用到的操作符。JavaScript 中的算术运算符如表 10-3 所示。

表 10-3　算术运算符

操 作 符	描 述
+	加法，相加运算符两侧的值
−	减法，左操作数减去右操作数
*	乘法，相乘操作符两侧的值
/	除法，左操作数除以右操作数
%	取模，左操作数除以右操作数的余数
++	自增，变量的值加 1
--	自减，变量的值减 1

【例 10-5】算术运算符的应用（源代码\ch10\10.5.html）。

```html
<!DOCTYPE html>
<html>
<head>
    <title>算术运算符</title>
</head>
<body>
<script type="text/javaScript">
    var a = 25;
    document.write("数值 a=" +a + "<br>");
    a= a + 8;
    document.write("加法运算（加8）结果: " + a + "<br>");
    a = a - 9;
    document.write("减法运算（减9）结果: " + a+ "<br>");
    a = a * 3;
    document.write("乘法运算（乘3）结果: " + a + "<br>");
    a = a / 6;
    document.write("除法运算（除6）结果: "+ a + "<br>");
    a = a% 7;
    document.write("取余运算（与7取余）结果: " + a + "<br>");
    a++;
    document.write("自增运算结果: " + a + "<br>");
    a--;
    document.write("自减运算结果: " + a + "<br>");
    var test1 = a++;
    document.write("自增运算符在后的结算结果: "+test1+",自增之后的值: "+a+"<br>");
    var test2 = ++a;
    document.write("自增运算符在前的运算结果: " + test2 + ",自增之后的值: " + a);
</script>
</body>
</html>
```

运行结果如图 10-9 所示。

图 10-9　算术运算符的应用效果

☆**大牛提醒**☆

算术运算符中需要注意自增与自减运算符。如果++或--运算符在变量后面，执行的顺序为"先赋值后运算"；如果++或--运算符在变量前面，执行顺序则为"先运算后赋值"。

3. 比较运算符

比较运算符在逻辑语句中使用，用于连接操作数组成比较表达式，并对操作符两边的操作数进行比较，其结果为逻辑值 true 或 false。表 10-4 为 JavaScript 中的比较运算符。

表 10-4　比较运算符

符　　号	名　　称	实　　例	判断结果布尔值
==	等于	'a' ==97	true
>	大于	'a'>'b'	false
<	小于	'a'<'b'	true
>=	大于等于	3>=2	true
<=	小于等于	2<=2	true
!=	不等于	1!='a'	true

【例 10-6】比较运算符的应用（源代码\ch10\10.6.html）。

```
<!DOCTYPE html>
<html>
<head>
<title>比较运算符</title>
</head>
<body>
<script type="text/javaScript">
 var a = 15;
 document.write("当前变量值: a=" + a + "<br>");
 document.write("变量== 15 的结果: " + (a == 15) + "<br>");
 document.write("变量!= 15 的结果: " + (a != 15) + "<br>");
 document.write("变量> 15 的结果: " + (a > 15) + "<br>");
 document.write("变量>= 15 的结果: " + (a >= 15) + "<br>");
 document.write("变量< 15 的结果: " + (a < 15) + "<br>");
 document.write("变量<= 15 的结果: " + (a <= 15) );
</script>
</body>
</html>
```

运行结果如图 10-10 所示。

图 10-10　比较运算符的应用效果

☆**大牛提醒**☆

在各种运算符中，比较运算符"=="与赋值运算符"="是完全不同的：运算符"="是用于为操作数赋值，而运算符"=="则用于比较两个操作数的值是否相等。

4. 逻辑运算符

在 JavaScript 中，逻辑运算符包含逻辑与（&&）、逻辑或（||）、逻辑非（!）等。如表 10-5 所

示为逻辑运算符。

表 10-5　逻辑运算符

运　算　符	含　　义	实　　例	判　断　结　果
&&	逻辑与	A&&B	（真）与（假）=假
‖	逻辑或	A‖B	（真）或（假）=真
!	逻辑非	!A	不（真）=假

如表 10-6 所示为逻辑运算符的运算结果。

表 10-6　逻辑运算符的运算结果

操　作　数		逻　辑　运　算		
A	B	A&&B	A‖B	!B
真（true）	真（true）	真（true）	真（true）	假（false）
真（true）	假（false）	假（false）	真（true）	真（true）
假（false）	真（true）	假（false）	真（true）	假（false）
假（false）	假（false）	假（false）	假（false）	真（true）

关系运算符的结果是布尔值，当关系运算符与逻辑运算符结合使用，可以完成更为复杂的逻辑运算，从而解决生活中的问题。

【例 10-7】逻辑运算符的应用（源代码\ch10\10.7.html）。

```
<!DOCTYPE HTML>
<html>
<head>
    <title>逻辑运算符</title>
</head>
<body>
<script type="text/javaScript">
    var score = 350;
    document.write("当前的库存数量是: " + score + "<br>");
    var test1 = ((score > 200) && (score <= 500));
    document.write("库存数量是否大于 200 并且小于等于 500: " + test1 + "<br>");
    var test2 = ((score > 400) || (score == 500));
    document.write("库存数量是否大于 400 或等于 500: " + test2 + "<br>");
    document.write("库存数量小于 200,是否提货的结果是: "+ (!(score < 200)) + "<br>");
    document.write("库存数量是否小于 200: " + ((score < 200) && (score = 500)) + "<br>");
    document.write("执行(score < 200) && (score = 500)之后的数量: " + score + "<br>");
    document.write("库存数量是否大于 200: " + ((score > 200) || (score = 500)) + "<br>");
    document.write("执行(score > 200) || (score = 500)之后的数量: " + score);
</script>
</body>
</html>
```

运行结果如图 10-11 所示。

图 10-11　逻辑运算符的应用效果

从运算结果中可以看出，逻辑与、逻辑或是短路运算符。在表达式"(score < 200) && (score = 500)"中，由于条件 score<200 结果为 false，程序将不再继续执行"&&"之后的脚本，因此 score 的值仍为 350；同理，在表达式"(score > 200) || (score = 500)"中，条件 score>200 结果为 true，score 的值仍然为 350。

5. 条件运算符

条件运算符是构造快速条件分支的三目运算符，可以看作是 if…else…语句的简写形式，其语法格式为"逻辑表达式?语句 1:语句 2;"。如果"?"前的逻辑表达式结果为 true，则执行"?"与":"之间的语句 1，否则执行语句 2。由于条件运算符构成的表达式带有一个返回值，因此可以通过其他变量或表达式对其值进行引用。

【例 10-8】条件运算符的应用（源代码\ch10\10.8.html）。

```html
<!DOCTYPE HTML>
<html>
<head>
<title>条件运算符</title>
</head>
<body>
<script type="text/javaScript">
var x=23;
var y = x < 10 ? x : -x;
document.write("当前变量为: x=" + x +"<br>");
document.write("执行语句(y = x < 10 ? x : -x)后,结果为: y=" + y );
</script>
</body>
</html>
```

运行结果如图 10-12 所示。

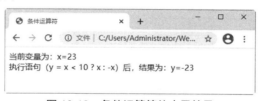

图 10-12　条件运算符的应用效果

从运算结果中可以看出，首先语句对表达式 x < 10 成立与否进行判断，结果为 false，然后根据判断结果执行":"后的表达式"-x"，并通过赋值符号将其赋给变量 y，因此变量 y 最终的结果为-23。

6. 字符串运算符

字符串运算符是对字符串进行操作的符号，一般用于连接字符串。在 JavaScript 中，字符串连接符"+="与赋值运算符类似，即将两边的操作数（字符串）连接起来并将结果赋给左操作数。

【例 10-9】字符串运算符的应用（源代码\ch10\10.9.html）。

```html
<!DOCTYPE HTML>
<html>
<head>
    <title>字符串运算符</title>
</head>
<body>
<script type="text/javaScript">
    var a = "";
    a = "清明时节雨纷纷," + "路上行人欲断魂！";
```

```
    document.write(a + "<br>");
    a += "----杜牧";
    document.write("连接结果: " + a );
</script>
</body>
</html>
```

运行结果如图 10-13 所示。

10.3.4　运算符优先级

当多个运算符出现在一个表达式中，谁先谁后呢？
这就涉及运算符的优先级别的问题。在一个多运算符的
表达式中，运算符优先级不同会导致最后得出的结果差别很大。

图 10-13　字符串运算符的应用效果

例如，（1+3）+（3+2）*2，这个表达式如果按加号最优先计算，答案就是 18；如果按照乘号
最优先，答案则是 14。再如，x=7+3*2，这里 x 得到 13，而不是 20，是因为乘法运算符比加法运算
符有较高的优先级，所以先计算 3*2 得到 6，然后再加 7。

表 10-7 为 JavaScript 中运算符的优先级排序。

表 10-7　运算符的优先级

优先级顺序	分 类 说 明	运 算 符
1	圆括号	()
2	正、负号	+、-
3	一元运算符	++、--、!
4	乘除取模	*、/、%
5	加减符号	+、-
6	位移符号	>>、>>>、<<
7	关系符号中的大小比较	<、>、>=、<=
8	关系符号中的等于不等于	==、!=
9	位与运算	&
10	位异或运算	^
11	位或运算	|
12	逻辑与运算	&&
13	逻辑或运算	||
14	三元运算符	? :
15	赋值运算符	=

☆大牛提醒☆

运算优先级一般遵循以上表格，在编写程序时尽量使用圆括号"()"运算符来限定运算次序，以
免运算次序发生错误。

10.4　新手疑难问题解答

问题 1：变量名有哪些命名规则？
解答：变量命名有以下几种规则：

- 变量名以字母、下画线或美元符号（$）开头。例如，txtName 与_txtName 都是合法的变量名，而 1txtName 和&txtName 都是非法的变量名。
- 变量名只能由字母、数字、下画线和美元符号（$）组成，其中不能包含标点与运算符，不能用汉字做变量名。例如，txt%Name、名称文本、txt-Name 都是非法变量名。
- 不能用 JavaScript 保留字做变量名。例如，var、enum、const 都是非法变量名。
- JavaScript 对大小写敏感。例如，变量 txtName 与 txtname 是两个不同的变量，两个变量不能混用。

问题 2：为什么数组的索引是从 0 开始的？

解答：从 0 开始是继承了汇编语言的传统，这样更有利于计算机进行二进制运算和查找。

10.5　实战训练

实战 1：判断输入的年份是否为闰年。

（1）使用布尔表达式判断输入的年份是否为闰年，在浏览器中运行的结果如图 10-14 所示。

（2）在显示的文本框中输入 2020，单击"确定"按钮，系统先判断文本框是否为空，再判断文本框输入的数值是否合法，最后判断其是否为闰年并弹出相应的提示框，如图 10-15 所示。

图 10-14　布尔表达式应用示例

图 10-15　返回判断结果

（3）再次在文本框中输入 2021，单击"确定"按钮，得出的结果如图 10-16 所示。

实战 2：制作一个简单的计算器。

使用 JavaScript 制作一个简单的计算器，首先创建一个 HTML5 页面，然后添加 CSS 代码搭建页面的布局和样式。主要使用表格中的<ul>和<li>标记，布局计算器各个按钮位置，最后通过<script></script>标记编写 JavaScript 代码实现计算器的各个按钮功能，运行结果如图 10-17 所示。

图 10-16　返回判断结果

图 10-17　计算器显示效果

第11章

JavaScript 编程基础

JavaScript 具有控制语句、对象、数组、函数等多种内容，利用语句可以进行流程上的判断与控制；对象是 JavaScript 最基本的数据类型之一；数组是 JavaScript 中唯一用来存储和操作有序数据集的数据结构；函数是进行模块化程序设计的基础，通过函数的使用可以提高程序的可读性与易维护性。本章就来介绍 JavaScript 的语句、对象、数组与函数等知识。

11.1　JavaScript 中的语句

JavaScript 具有多种类型程序控制语句，利用这些语句可以进行流程上的判断与控制。JavaScript 程序控制语句主要包括条件语句、循环语句、跳转语句等。

11.1.1　条件语句

条件语句是一种比较简单的选择结构语句，它包括 if 语句及其各种变种，以及 switch 语句。这些语句各具特点，在一定条件下可以相互转换。

1. if 语句

if 语句是最常用的条件判断语句，通过判断条件表达式的值为 true 或 false，来确定程序的执行顺序。在实际应用中，if 语句有多种表现形式，最简单的 if 语句的语法格式如下：

```
if(conditions)
{
    statements;
}
```

条件表达式 conditions 必须放在小括号里，当且仅当该表达式为真时，执行大括号内包含的语句，否则将跳过该条件语句执行其下的语句。大括号"{}"的作用是将多余语句组合成一个语句块，系统将该语句块作为一个整体来处理。如果大括号中只有一条语句，则可省略"{}"。

2. if…else 语句

if…else 语句用于选择多个代码块之一来执行。语法格式如下：

```
if (condition)
{
    当条件为 true 时执行的代码
}
else
{
    当条件不为 true 时执行的代码
}
```

3. switch 语句

switch 语句用于基于不同的条件来执行不同的动作。语法格式如下：

```
switch(n)
{
    case 1:
        执行代码块 1
        break;
    case 2:
        执行代码块 2
        break;
    default:
        与 case 1 和 case 2 不同时执行的代码
}
```

【例 11-1】条件语句的应用（源代码\ch11\11.1.html）。

```html
<html>
<head>
    <title>条件语句的应用</title>
</head>
<body>
<p>根据时间获取不同的问候语：</p>
<script type="text/javascript">
    var d = new Date();
    var time = d.getHours();
    document.write("当前时间为: "+time+"时"+"<br>");
    document.write("显示问候语为: ");
    if (time<10)
    {
        document.write("<b>早上好! </b>");
    }
    else if (time>=10 && time<20)
    {
        document.write("<b>今天好! </b>");
    }
    else
    {
        document.write("<b>晚上好!</b>");
    }
</script>
</body>
</html>
```

运行结果如图 11-1 所示。

☆大牛提醒☆

请使用小写的 if，使用大写字母（IF）会生成 JavaScript 错误！

11.1.2　循环语句

图 11-1　条件语句应用示例

循环语句的作用是反复执行同一段代码，只要给定的条件能得到满足，包括再循环条件语句里面的代码就会重复执行下去，当条件不再满足时则终止。

1. while 语句

while 循环会在指定条件为真时循环执行代码块。语法格式如下：

```
while (条件)
```

```
{
    需要执行的代码
}
```

while 语句为不确定性循环语句，当表达式的结果为真（true）时，执行循环中的语句；表达式的结果为假（false）时，不执行循环。

2. do…while 语句

do…while 循环是 while 循环的变体，该循环会在检查条件是否为真之前执行一次代码块，然后如果条件为真，就会重复这个循环。语法格式如下：

```
do
{
    需要执行的代码
}
while (条件);
```

do…while 为不确定性循环，先执行大括号中的语句，当表达式的结果为真（true）时，执行循环中的语句；表达式为假（false）时，不执行循环，并退出 do…while 循环。

3. for 语句

for 语句非常灵活，完全可以代替 while 与 do…while 语句，如图 11-2 所示为 for 语句的执行流程。执行的过程为：先执行"初始化表达式"，再根据"判断表达式"的结果判断是否执行循环，当判断表达式为真（true）时，执行循环中的语句，最后执行"循环表达式"，并继续返回循环的开始进行新一轮的循环；"判断表达式"为假（false）时，不执行循环，并退出 for 循环。

for 语句语法格式如下：

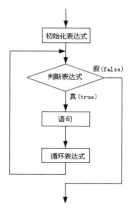

图 11-2　for 语句的执行流程

```
for (语句1;语句2;语句3)
{
    被执行的代码块
}
```

- 语句 1：（代码块）开始前执行。
- 语句 2：定义运行循环（代码块）的条件。
- 语句 3：在循环（代码块）已被执行之后执行。

【例 11-2】计算 1~100 的所有整数之和（包括 1 与 100）（源代码\ch11\11.2.html）。

```
<!DOCTYPE html>
<html>
<head>
    <meta charset="utf-8">
    <title>for 语句应用示例</title>
</head>
<body>
<script type="text/javascript">
    for(var i=0,iSum=0;i<=100;i++)
    {
        iSum+=i;
    }
    document.write("1-100 的所有数之和为"+iSum);
</script>
</body>
</html>
```

运行结果如图 11-3 所示。

图 11-3　for 语句应用示例

11.1.3　跳转语句

在循环语句中，某些情况需要跳出循环或者跳过循环体内剩余语句，而直接执行下一次循环，此时可通过 break 和 continue 语句来实现。

1. break 语句

break 语句主要有以下 3 种作用：

- 在 switch 语句中，用于终止 case 语句序列，跳出 switch 语句。
- 用在循环结构中，用于终止循环语句序列，跳出循环结构。
- 与标签语句配合使用从内层循环或内层程序块中退出。

当 break 语句用于 for、while、do…while 循环语句中时，可使程序终止循环而执行循环后面的语句。

【例 11-3】输出由"*"组成的图形（源代码\ch11\11.3.html）。

```
<!DOCTYPE html>
<html>
<head>
    <meta charset="utf-8">
    <title>break 语句的使用</title>
</head>
<body>
<script type = "text/javascript">
    stop:{
        for(var row = 1; row <= 10; ++row)
        {
            for(var column = 1;column <= 6;++column)
            {
                if(row == 5)
                    break stop;
                document.write(" * ");
            }
            document.write("<p>");
        }
    }
</script>
</body>
</html>
```

运行结果如图 11-4 所示。

图 11-4　break 语句应用示例

2. continue 语句

continue 语句只能出现在循环语句的循环体内，无标号的 continue 语句的作用是跳过当前循环的剩余语句，继续执行下一次循环。

【例 11-4】显示 20 以内的偶数（源代码\ch11\11.4.html）。

```html
<!DOCTYPE html>
<html>
<head>
    <meta charset="utf-8">
    <title> continue 语句使用</title>
</head>
<body>
<p>20 以内的偶数: </p>
<script type="text/javascript">
    var output = "";                    //output 初值为空字符串
    for(var x=1;x<20;x++)               //求 20 以内的偶数
    {
        if(x%2==1)                      //如果是奇数就跳过
            continue;
        output=output+"x="+x+", ";       //如果是偶数,就附加在 output 字符串后面组成新字符串.
    }
    document.write(output);             //输出结果
</script>
</body>
</html>
```

运行结果如图 11-5 所示。

图 11-5 continue 语句应用示例

11.2 JavaScript 对象与数组

对象是 JavaScript 最基本的数据类型之一，是一种复合的数据类型；数组是 JavaScript 中唯一用来存储和操作有序数据集的数据结构。

11.2.1 创建对象

JavaScript 对象是拥有属性和方法的数据。例如，在真实生活中，一辆汽车就是一个对象。对象具有自己的属性，如重量、颜色等，方法有启动、停止等。JavaScript 中创建对象有以下几种方法。

1. 使用内置对象创建

JavaScript 可用的内置对象可分为两种，一种是语言级对象，如 String、Object、Function 等；另一种是环境宿主级对象，如 Window、Document、Body 等。通常我们所说的使用内置对象，是指通过语言级对象的构造方法，创建出一个新的对象，具体代码格式如下：

```
var str = new String("初始化 String");
var str1 = "直接赋值的 String";
var func = new Function("x","alert(x)");        //初始化 func
var o = new Object();                           //初始化一个 Object 对象
```

下面创建一个人物对象，对象的属性包括姓名、年龄等。具体代码如下：

```
var person = {
    firstName : "刘",
    lastName : "天佑",
    age      : 3,
    eyeColor : "black"
};
```

2. 直接定义并创建对象

直接定义并创建对象易于阅读和编写，同时也易于解析和生成。直接定义并创建对象采用"键/值对"集合的形式，一个对象以"{"（左括号）开始，以"}"（右括号）结束，每个"名称"后跟一个":"（冒号），"键/值对"之间使用","（逗号）分隔。具体代码如下：

```
person={firstname:"刘",lastname:"天佑",age:3,eyecolor:"black"}
```

3. 使用对象构造器创建

使用对象构造器创建对象时，需要添加 this 关键字，具体代码如下：

```
//使用 this 关键字
function person ()
{
    this.name = "张三";
    this.age = 3;
}
```

【例 11-5】创建一个人物对象，包括名称、职位等（源代码\ch11\11.5.html）。

```
<!DOCTYPE html>
<html>
<head>
    <title>创建 JavaScript 对象</title>
</head>
<body>
<script type="text/javascript">
    function person(firstname,lastname,manager){
        this.firstname=firstname;
        this.lastname=lastname;
        this.manager=manager;
    }
    myColleague=new person("张","小明","公司经理");
    document.write(myColleague.firstname + myColleague.lastname + "已 经 是" +
myColleague.manager+ "了！" );
</script>
</body>
</html>
```

运行结果如图 11-6 所示。

图 11-6　自定义对象构造创建应用示例

11.2.2　常用内置对象

JavaScript 作为一门基于对象的编程语言，以其简单、快捷的对象操作获得 Web 应用程序开发者的认可，而其内置的几个核心对象则构成了 JavaScript 脚本语言的基础。

1. String（字符串）对象

String 对象是 JavaScript 的内置对象，属于动态对象，需要创建对象实例后才能引用该对象的属性和方法，该对象主要用于处理格式化文本字符串以及确定和定位字符串中的子字符串。

创建 String 对象的方法有两种：

（1）直接创建，例如：

```
var txt = "string";
```

其中 var 是可选项，""string""就是给对象 txt 赋的值。

（2）使用 new 关键字创建，例如：

```
var txt = new String("string");
```

其中 var 是可选项，字符串构造函数 String()的第一个字母必须为大写字母。

注意：上述两种语句效果是一样的，因此声明字符串时可以采用 new 关键字，也可以不采用 new 关键字。

String 对象的属性如表 11-1 所示。

表 11-1　String 对象的属性及说明

属　　性	说　　明
constructor	对创建该对象的函数的引用
length	字符串的长度
prototype	允许用户向对象添加属性和方法

【例 11-6】计算字符串的长度（源代码\ch11\11.6.html）。

```
<!DOCTYPE html>
<html>
<head>
    <title>计算字符串的长度</title>
</head>
<body>
<script type="text/javascript">
    var txt = "Hello JavaScript!";
    document.write("字符串"Hello JavaScript!"的长度为: "+txt.length);
</script>
</body>
</html>
```

运行结果如图 11-7 所示。

图 11-7　计算字符串的长度应用示例

☆**大牛提醒**☆

测试字符串长度时，空格也占一个字符位。一个字母占一个字符位，即一个字母长度为 1。

String 对象的方法如表 11-2 所示。使用这些方法可以定义字符串的属性，如以大号字体显示字符串、指定字符串的显示颜色等。

表 11-2　String 对象的方法及说明

方　　法	说　　明
charAt()	返回在指定位置的字符
charCodeAt()	返回在指定位置的字符的 Unicode 编码
concat()	连接字符串
fromCharCode()	从字符编码创建一个字符串
indexOf()	检索字符串
lastIndexOf()	从后向前搜索字符串
match()	找到一个或多个正则表达式的匹配
replace()	替换与正则表达式匹配的子串
search()	检索与正则表达式相匹配的值
slice()	提取字符串的片断，并在新的字符串中返回被提取的部分
split()	把字符串分割为字符串数组
substr()	从起始索引号提取字符串中指定数目的字符
substring()	提取字符串中两个指定的索引号之间的字符
toLowerCase()	把字符串转换为小写
toUpperCase()	把字符串转换为大写
valueOf()	返回某个字符串对象的原始值

【例 11-7】转换字符串的大小写（源代码\ch11\11.7.html）。

```html
<!DOCTYPE html>
<html>
<head>
    <title>转换字符串的大小写</title>
</head>
<body>
<p>该方法返回一个新的字符串,源字符串没有被改变.</p>
<script type="text/javascript">
    var txt="Hello World!";
    document.write("<p>" +"原字符串: " + txt + "</p>");
    document.write("<p>" +"全部大写: " + txt.toUpperCase() + "</p>");
    document.write("<p>" + "全部小写: " +txt.toLowerCase() + "</p>");
</script>
</body>
</html>
```

运行结果如图 11-8 所示。

图 11-8　转换字符串的大小写应用示例

2. Date（日期）对象

Date 对象用于处理日期与时间，是一种内置式 JavaScript 对象。创建 Date 对象的方法有以下四种：

```
var d = new Date();                    //当前日期和时间
var d = new Date(milliseconds);        //返回从 1970 年 1 月 1 日至今的毫秒数
var d = new Date(dateString);
var d = new Date(year, month, day, hours, minutes, seconds, milliseconds);
```

上述创建方法中的参数大多数都是可选的，在不指定的情况下，默认参数是 0。具体示例应用代码如下：

```
var today = new Date()
var d1 = new Date("October 13, 1975 11:13:00")
var d2 = new Date(79,5,24)
var d3 = new Date(79,5,24,11,33,0)
```

【例 11-8】使用不同的方法创建日期对象（源代码\ch11\11.8.html）。

```html
<!DOCTYPE html>
<html>
<head>
    <title>创建日期对象</title>
</head>
<body>
<script type="text/javascript">
    //以当前时间创建一个日期对象
    var myDate1=new Date();
    //将字符串转换成日期对象,该对象代表日期为 2021 年 6 月 10 日
    var myDate2=new Date("June 10,2021");
    //将字符串转换成日期对象,该对象代表日期为 2021 年 6 月 10 日
    var myDate3=new Date("2021/6/10");
    //创建一个日期对象,该对象代表日期和时间为 2021 年 10 月 19 日 16 时 16 分 16 秒
    var myDate4=new Date(2021,10,19,16,16,16);
    //分别输出以上日期对象的本地格式
    document.write("myDate1 所代表的时间为: "+myDate1.toLocaleString()+"<br>");
    document.write("myDate2 所代表的时间为: "+myDate2.toLocaleString()+"<br>");
    document.write("myDate3 所代表的时间为: "+myDate3.toLocaleString()+"<br>");
    document.write("myDate4 所代表的时间为: "+myDate4.toLocaleString()+"<br>");
</script>
</body>
</html>
```

运行结果如图 11-9 所示。

图 11-9　创建日期对象应用示例

Date 对象只包含两个属性，分别是 constructor 和 prototype，如表 11-3 所示。

表 11-3　Date 对象的属性及说明

属　　性	说　　明
constructor	返回对创建此对象的 Date 函数的引用
prototype	允许用户向对象添加属性和方法

【例 11-9】显示当前系统的月份（源代码\ch11\11.9.html）。

```html
<!DOCTYPE html>
<html>
<head>
    <title>显示当前月份</title>
</head>
<body>
<p id="demo">单击【获取月份】按钮来调用新的 myMet()方法,并显示这个月的月份</p>
<button onclick="myFunction()">获取月份</button>
<script type="text/javascript">
    //创建一个新的日期对象方法:
    Date.prototype.myMet=function(){
        if (this.getMonth()==0){this.myProp="一月"};
        if (this.getMonth()==1){this.myProp="二月"};
        if (this.getMonth()==2){this.myProp="三月"};
        if (this.getMonth()==3){this.myProp="四月"};
        if (this.getMonth()==4){this.myProp="五月"};
        if (this.getMonth()==5){this.myProp="六月"};
        if (this.getMonth()==6){this.myProp="七月"};
        if (this.getMonth()==7){this.myProp="八月"};
        if (this.getMonth()==8){this.myProp="九月"};
        if (this.getMonth()==9){this.myProp="十月"};
        if (this.getMonth()==10){this.myProp="十一月"};
        if (this.getMonth()==11){this.myProp="十二月"};
    }
    //创建一个 Date 对象,调用对象的 myMet 方法:
    function myFunction(){
        var d = new Date();
        d.myMet();
        var x=document.getElementById("demo");
        x.innerHTML=d.myProp;
    }
</script>
</body>
</html>
```

运行结果如图 11-10 所示。单击"获取月份"按钮，即可在浏览器窗口中显示当前系统的月份，如图 11-11 所示。

图 11-10　运行结果预览效果

图 11-11　显示当前系统的月份

日期对象的方法可分为三大组：setXxx、getXxx 和 toXxx。setXxx 方法用于设置时间和日期值；getXxx 方法用于获取时间和日期值；toXxx 主要是将日期转换为指定格式。Date 对象的方法如表 11-4 所示。

表 11-4　Date 对象的方法及说明

方　　法	说　　明
getDate()	从 Date 对象返回一个月中的某一天（1～31）
getDay()	从 Date 对象返回一周中的某一天（0～6）
getFullYear()	从 Date 对象以四位数字返回年份

方　法	说　明
getHours()	返回 Date 对象的小时（0～23）
getMilliseconds()	返回 Date 对象的毫秒（0～999）
getMinutes()	返回 Date 对象的分钟（0～59）
getMonth()	从 Date 对象返回月份（0～11）
getSeconds()	返回 Date 对象的秒数（0～59）
getTime()	返回 1970 年 1 月 1 日至今的毫秒数
getTimezoneOffset()	返回本地时间与格林威治标准时间（GMT）的分钟差
getUTCDate()	根据世界时从 Date 对象返回月中的一天（1～31）
getUTCDay()	根据世界时从 Date 对象返回周中的一天（0～6）
getUTCFullYear()	根据世界时从 Date 对象返回四位数的年份
getUTCHours()	根据世界时返回 Date 对象的小时（0～23）
getUTCMilliseconds()	根据世界时返回 Date 对象的毫秒（0～999）
getUTCMinutes()	根据世界时返回 Date 对象的分钟（0～59）
getUTCMonth()	根据世界时从 Date 对象返回月份（0～11）
getUTCSeconds()	根据世界时返回 Date 对象的秒数（0～59）
getYear()	已废弃。请使用 getFullYear()方法代替
parse()	返回 1970 年 1 月 1 日午夜到指定日期（字符串）的毫秒数
setDate()	设置 Date 对象中月的某一天（1～31）
setFullYear()	设置 Date 对象中的年份（四位数字）
setHours()	设置 Date 对象中的小时（0～23）
setMilliseconds()	设置 Date 对象中的毫秒（0～999）。
setMinutes()	设置 Date 对象中的分钟（0～59）
setMonth()	设置 Date 对象中的月份（0～11）
setSeconds()	设置 Date 对象中的秒数（0～59）
setTime()	以毫秒设置 Date 对象
setUTCDate()	根据世界时设置 Date 对象中月份的一天（1～31）
setUTCFullYear()	根据世界时设置 Date 对象中的年份（四位数字）
setUTCHours()	根据世界时设置 Date 对象中的小时（0～23）
setUTCMilliseconds()	根据世界时设置 Date 对象中的毫秒（0～999）
setUTCMinutes()	根据世界时设置 Date 对象中的分钟（0～59）
setUTCMonth()	根据世界时设置 Date 对象中的月份（0～11）
setUTCSeconds()	用于根据世界时（UTC）设置指定时间的秒字段
setYear()	已废弃。请使用 setFullYear()方法代替
toDateString()	将 Date 对象的日期部分转换为字符串
toGMTString()	已废弃。请使用 toUTCString()方法代替
toISOString()	使用 ISO 标准返回字符串的日期格式
toJSON()	以 JSON 数据格式返回日期字符串
toLocaleDateString()	根据本地时间格式，将 Date 对象的日期部分转换为字符串

续表

方　　法	说　　明
toLocaleTimeString()	根据本地时间格式，将 Date 对象的时间部分转换为字符串
toLocaleString()	根据本地时间格式，将 Date 对象转换为字符串
toString()	将 Date 对象转换为字符串
toTimeString()	将 Date 对象的时间部分转换为字符串
toUTCString()	根据世界时，将 Date 对象转换为字符串
UTC()	根据世界时，返回 1970 年 1 月 1 日到指定日期的毫秒数
valueOf()	返回 Date 对象的原始值

【例 11-10】在网页中显示时钟（源代码\ch11\11.10.html）。

```html
<!DOCTYPE html>
<html>
<head>
    <title>在网页中显示时钟</title>
    <script type="text/javascript">
    function startTime(){
        var today=new Date();
        var h=today.getHours();
        var m=today.getMinutes();
        var s=today.getSeconds();//在小于 10 的数字前加一个 '0'
        m=checkTime(m);
        s=checkTime(s);
        document.getElementById('txt').innerHTML=h+":"+m+":"+s;
        t=setTimeout(function(){startTime()},500);
    }
    function checkTime(i){
        if (i<10){
            i="0" + i;
        }
        return i;
    }
    </script>
</head>
<body onload="startTime()">
<div id="txt"></div>

</body>
</html>
```

运行结果如图 11-12 所示。

11.2.3　数组对象与方法

数组对象是使用单独的变量名来存储一系列的
值，并且可以用变量名访问任何一个值，数组中的每

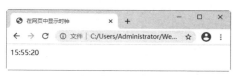

图 11-12　在网页中显示时钟应用示例

个元素都有自己的 ID，以便它可以很容易被访问到。例如，如果有一组数据（车名字），存在单独
变量如下：

```
var car1="Saab";
var car2="Volvo";
var car3="BMW";
```

如果想从中找出某一辆车，并且车辆总数不是 3 辆，而是 300 辆、3000 辆，那么这将不是一件
容易的事，此时最好的方法就是用数组来处理。

1. 创建数组

数组是具有相同数据类型的变量集合，这些变量都可以通过索引进行访问。数组中的变量称为数组的元素，数组能够容纳元素的数量称为数组的长度。创建数组对象有以下三种方法。

（1）常规方式，具体格式如下：

```
var 数组名=new Array( );
```

例如，定义一个名为 myCars 的数组对象，具体代码如下：

```
var myCars=new Array();
myCars[0]="Saab";
myCars[1]="Volvo";
myCars[2]="BMW";
```

（2）简洁方式，具体格式如下：

```
var 数组名=new Array( n );
```

例如，定义一个名为 myCars 的数组对象，具体代码如下：

```
var myCars=new Array("Saab","Volvo","BMW");
```

（3）字面方式，具体格式如下：

```
var 数组名=[元素 1,元素 2,元素 3,…];
```

例如，定义一个名为 myCars 的数组对象，具体代码如下：

```
var myCars=["Saab","Volvo","BMW"];
```

【例 11-11】创建数组并为其添加数组对象，然后使用 for 循环语句枚举数组对象（源代码\ch11\11.11.html）。

```
<!DOCTYPE HTML>
<html>
<head>
    <title>创建数组</title>
</head>
<body>
<script type="text/javascript">
    myArray=new Array(4);
    myArray[0]="红楼梦";
    myArray[1]="西游记";
    myArray[2]="水浒传";
    myArray[3]="三国演义";
    for (i = 0; i < 4; i++){
        document.write(myArray[i]+"<br>");
    }
</script>
</body>
</html>
```

运行结果如图 11-13 所示。

图 11-13　创建数组对象应用示例

2. 访问数组

通过指定数组名以及索引号码，用户可以访问数组中的某个特定元素。例如可以访问 myCars 数组的第一个值，具体代码如下：

```
var name=myCars[0];
```

注意：[0]是数组的第一个元素，[1]是数组的第二个元素。另外，还可以修改数组中的第一个元素，具体代码如下：

```
myCars[0]="Opel";
```

在一个数组中可以有不同的对象，几乎所有的 JavaScript 变量都可以是对象，甚至数组本身也可以是对象，函数也可以是对象。下面创建一个数组，包括对象元素、函数与数组，具体代码如下：

```
myArray[0]=Date.now;
myArray[1]=myFunction;
myArray[2]=myCars;
```

【例 11-12】访问数组对象（源代码\ch11\11.12.html）。

```
<!DOCTYPE html>
<html>
<head>
    <title>访问数组</title>
</head>
<body>
<script type="text/javascript">
    var mybooks=new Array();
    mybooks[0]="红楼梦";
    mybooks[1]="水浒传";
    mybooks[2]="西游记";
    mybooks[3]="三国演义";
    document.write(mybooks);
</script>
</body>
</html>
```

运行结果如图 11-14 所示。

图 11-14　访问数组对象应用示例

3. 数组属性

数组对象的属性有 3 个，常用属性是 length 属性和 prototype 属性，如表 11-5 所示。

表 11-5　数组对象的属性及说明

属　　性	说　　明
constructor	返回创建数组对象的原型函数
length	设置或返回数组元素的个数
prototype	允许向数组对象添加属性或方法

下面详细介绍 prototype 属性，该属性是所有 JavaScript 对象所共有的属性，使用该属性可以向数组对象中添加属性和方法。当构建一个属性，所有的数组都将被设置属性，它是默认值。在构建一个方法时，所有的数组都可以使用该方法。语法格式如下：

```
Array.prototype.name=value.
```

注意：Array.prototype 单独不能引用数组，Array()对象可以。

【例 11-13】创建数组，将数组值转为大写（源代码\ch11\11.13.html）。

```html
<!DOCTYPE html>
<html>
<head>
    <title>将数组值转为大写</title>
</head>
<body>
<p id="demo">创建一个新的数组,将数组值转为大写</p>
<button onclick="myFunction()">获取结果</button>
<script type="text/javascript">
    Array.prototype.myUcase=function()
    {
        for (i=0;i<this.length;i++)
        {
            this[i]=this[i].toUpperCase();
        }
    }
    function myFunction()
    {
        var fruits = ["Banana", "Orange", "Apple", "Mango"];
        fruits.myUcase();
        var x=document.getElementById("demo");
        x.innerHTML=fruits;
    }
    var x=document.getElementById("demo");
    x.innerHTML=fruits.length;
</script>
</body>
</html>
```

运行结果如图 11-15 所示。单击"获取结果"按钮，即可在浏览器窗口中显示符合条件的结果信息，如图 11-16 所示。

图 11-15　prototype 属性应用示例

图 11-16　获取符合条件的结果信息

4. 数组方法

在 JavaScript 中，数组对象的方法有 25 种，常用的方法有连接方法 concat()、分隔方法 join()、追加方法 push()、倒转方法 reverse()、切片方法 slice()等，如表 11-6 所示。

表 11-6　数组对象的方法及说明

方　　法	说　　明
concat()	连接两个或更多的数组，并返回结果
copyWithin()	从数组的指定位置复制元素到数组的另一个指定位置
every()	检测数值元素的每个元素是否都符合条件
fill()	使用一个固定值来填充数组

续表

方　法	说　明
filter()	检测数值元素，并返回符合条件的所有元素的数组
find()	返回符合传入测试（函数）条件的数组元素
findIndex()	返回符合传入测试（函数）条件的数组元素索引
forEach()	数组每个元素都执行一次回调函数
indexOf()	搜索数组中的元素，并返回它所在的位置
join()	把数组的所有元素放入一个字符串
lastIndexOf()	返回一个指定的字符串值最后出现的位置，在一个字符串中的指定位置从后向前搜索
map()	通过指定函数处理数组的每个元素，并返回处理后的数组
pop()	删除数组的最后一个元素，并返回删除的元素
push()	向数组的末尾添加一个或更多元素，并返回新的长度
reduce()	将数组元素计算为一个值（从左到右）
reduceRight()	将数组元素计算为一个值（从右到左）
reverse()	反转数组的元素顺序
shift()	删除并返回数组的第一个元素
slice()	选取数组的一部分，并返回一个新数组
some()	检测数组元素中是否有元素符合指定条件
sort()	对数组的元素进行排序
splice()	从数组中添加或删除元素
toString()	把数组转换为字符串，并返回结果
unshift()	向数组的开头添加一个或更多元素，并返回新的长度
valueOf()	返回数组对象的原始值

这些方法主要用于数组对象的操作，下面以连接数组为例，介绍数组对象方法的使用。使用 concat()方法可以连接两个或多个数组。该方法不会改变现有的数组，而仅仅会返回被连接数组的一个副本。语法格式如下：

```
arrayObject.concat(array1,array2,…,arrayN)
```

其中 arrayN 是必选项，该参数可以是具体的值，也可以是数组对象，可以是任意多个。

【例 11-14】连接三个数组，并返回连接后的结果（源代码\ch11\11.14.html）。

```
<!DOCTYPE html>
<html>
<head>
    <title>连接数组</title>
</head>
<body>
<script type="text/javascript">
    var boy = ["张洪波", "张文轩", "赵天阳"];
    var girl = ["刘一诺", "赵子涵", "龚露露"];
    var other = ["张晓晓", "狄家旭"];
    var children = boy.concat(girl,other);
    document.write(children);
</script>
```

```
</body>
</html>
```

运行结果如图 11-17 所示。

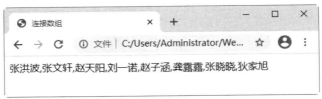

图 11-17 连接数组应用示例

11.3 JavaScript 中的函数

在 JavaScript 中需要实现较为复杂的系统功能时，就需要使用函数了，函数是进行模块化程序设计的基础，通过函数的使用可以提高程序的可读性与易维护性。

11.3.1 定义函数

使用函数前，必须先定义函数，在 JavaScript 中，函数的定义通常由 4 部分组成：关键字、函数名、参数列表和函数内部实现语句，具体代码如下：

```
function functionname()
{
    执行代码
}
```

当调用该函数时，会执行函数内的代码。同时可以在某事件发生时直接调用函数（如当用户单击按钮时），并且可由 JavaScript 在任何位置进行调用。JavaScript 对大小写敏感，关键词 function 必须是小写的，并且必须以与函数名称相同的大小写来调用函数。

1. 声明式函数定义

使用函数前，必须先定义函数，具体代码如下：

```
function functionName(parameters) {
    执行的代码
}
```

提示：分号是用来分隔可执行 JavaScript 语句的，由于函数声明不是一个可执行语句，所以不以分号结束。

函数声明后不会立即执行，会在用户需要的时候调用。

【例 11-15】 声明式函数定义（源代码\ch11\11.15.html）。

```
<!DOCTYPE html>
<html>
<head>
    <title>声明式函数定义</title>
</head>
<body>
<p>本例调用的函数会执行一个计算,然后返回结果: </p>
<p id="demo"></p>
<script type="text/javascript">
    function myFunction(a,b){
```

```
        return a*b;
    }
    document.getElementById("demo").innerHTML=myFunction(5,6);
</script>
</body>
</html>
```

运行结果如图 11-18 所示。

2. 函数表达式定义

JavaScript 函数可以通过一个表达式定义，函数表达式可以存储在变量中，具体代码如下：

```
var x = function (a, b) {return a * b};
```

【例 11-16】函数表达式定义（源代码\ch11\11.16.html）。

```
<!DOCTYPE html>
<html>
<head>
    <title>函数表达式定义</title>
</head>
<body>
<p>函数存储在变量后,变量可作为函数使用：</p>
<p id="demo"></p>
<script type="text/javascript">
    var x = function (a, b) {return a * b};
    document.getElementById("demo").innerHTML = x(5,6);
</script>
</body>
</html>
```

运行结果如图 11-19 所示。

图 11-18　声明式函数定义应用示例

图 11-19　函数表达式定义应用示例

3. 函数构造器定义

JavaScript 内置的函数构造器为 Function()，通过该构造器可以定义函数，具体代码如下：

```
var myFunction = new Function("a", "b", "return a * b");
```

【例 11-17】函数构造器定义（源代码\ch11\11.17.html）。

```
<!DOCTYPE html>
<html>
<head>
    <title>函数构造器定义</title>
</head>
<body>
<p>JavaScript 内置函数构造器定义</p>
<p id="demo"></p>
<script type="text/javascript">
    var myFunction = new Function("a", "b", "return a * b");
    document.getElementById("demo").innerHTML = myFunction(5, 6);
</script>
</body>
</html>
```

运行结果如图 11-20 所示。

图 11-20　函数构造器定义应用示例

☆**大牛提醒**☆

在 JavaScript 中，很多时候用户不必使用构造函数，需要避免使用 new 关键字，因此上面的函数定义代码可以修改为如下代码：

```
var myFunction = function (a, b) {return a * b}
document.getElementById("demo").innerHTML = myFunction(5,6);
```

11.3.2　函数调用

定义函数的目的是为了后续的代码中使用函数。在 JavaScript 中，调用函数的方法有简单调用、在表达式中调用、在事件响应中调用等。

1. 作为一个函数调用

作为一个函数调用函数是调用 JavaScript 函数常用的方法，但不是良好的编程习惯，因为全局变量、方法或函数容易造成命名冲突的 bug。

【**例 11-18**】作为一个函数调用函数（源代码\ch11\11.18.html）。

```
<!DOCTYPE html>
<html>
<head>
<title>作为一个函数调用</title>
</head>
<body>
<p>
全局函数(myFunction)返回参数相乘的结果:
</p>
<p id="demo"></p>
<script>
function myFunction(a, b) {
    return a * b;
}
document.getElementById("demo").innerHTML = myFunction(20, 4);
</script>
</body>
</html>
```

运行结果如图 11-21 所示。

2. 函数作为方法调用

在 JavaScript 中，用户可以将函数定义为对象的方法，从而进行调用。例如创建一个对象（myObject），对象有两个属性，分别是 firstName 和 lastName，还有一个方法是 fullName。

【**例 11-19**】函数作为方法调用（源代码\ch11\11.19.html）。

```
<!DOCTYPE html>
<html>
<head>
    <title>函数作为方法调用</title>
```

```
</head>
<body>
<p>myObject.fullName()返回全名:</p>
<p id="demo"></p>
<script>
    var myObject = {
        firstName:"张",
        lastName: "琳琳",
        fullName: function() {
            return this.firstName + " " + this.lastName;
        }
    }
    document.getElementById("demo").innerHTML = myObject.fullName();
</script>
</body>
</html>
```

运行结果如图 11-22 所示。

图 11-21　作为一个函数调用函数

图 11-22　函数作为方法调用

3. 使用构造函数调用函数

如果函数调用前使用了 new 关键字，表示调用了构造函数。构造函数的调用会创建一个新的对象，新对象会继承构造函数的属性和方法。

【例 11-20】使用构造函数调用函数（源代码\ch11\11.20.html）。

```
<!DOCTYPE html>
<html>
<head>
    <title>使用构造函数调用函数</title>
</head>
<body>
<p>该实例中,myFunction是函数构造函数:</p>
<p id="demo"></p>
<script>
    function myFunction(arg1, arg2) {
        this.firstName= arg1;
        this.lastName= arg2;
    }
    var x = new myFunction("张玲玲","张琳琳")
    document.getElementById("demo").innerHTML = x.firstName;
</script>
</body>
</html>
```

运行结果如图 11-23 所示。

提示：构造函数中 this 关键字没有任何值，this 的值是在函数调用时实例化对象（new object）时创建的。

4. 作为函数方法调用函数

在 JavaScript 中，函数是对象，JavaScript 函数有它的属性和方法，call()和 apply()是预定义的函数方法。两个方法可用于调用函数，两个方法的第一个参数必须是对象本身。

【例 11-21】使用 call()方法调用函数计算两数之积（源代码\ch11\11.21.html）。

```
<!DOCTYPE html>
<html>
<head>
<title>使用 call()方法调用</title>
</head>
<body>
<p id="demo"></p>
<script>
var myObject;
function myFunction(a, b) {
    return a * b;
}
myObject = myFunction.call(myObject, 30, 6);    //返回 180
document.getElementById("demo").innerHTML = myObject;
</script>
</body>
</html>
```

运行结果如图 11-24 所示。

图 11-23　使用构造函数调用函数

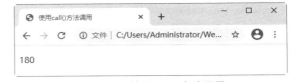

图 11-24　使用 call()方法调用

【例 11-22】使用 apply()方法调用函数计算两数之积（源代码\ch11\11.22.html）。

```
<!DOCTYPE html>
<html>
<head>
<title>使用 apply()方法调用</title>
</head>
<body>
<p id="demo"></p>
<script>
var myObject, myArray;
function myFunction(a, b) {
    return a * b;
}
myArray = [30, 6]
myObject = myFunction.apply(myObject, myArray);
document.getElementById("demo").innerHTML = myObject;
</script>
</body>
</html>
```

运行结果如图 11-25 所示。

图 11-25　使用 apply()方法调用

11.4　新手疑难问题解答

问题 1： continue 语句和 break 语句的区别有哪些？

解答： continue 语句只结束本次循环，而不是终止整个循环的执行。break 语句则是结束整个循环过程，不再判断执行循环的条件是否成立。break 语句可以用在循环语句和 switch 语句中，在循环语句中用来结束内部循环，在 switch 语句中用来跳出 switch 语句。

问题 2： JavaScript 语言中 while、do…while、for 几种循环语句有什么区别？

解答： 同一个问题，往往既可以用 while 语句解决，也可以用 do…while 或者 for 语句来解决，但在实际应用中，应根据具体情况选用不同的循环语句。选用的一般原则如下：

- 如果循环次数在执行循环体之前就已确定，一般用 for 语句。如果循环次数是由循环体的执行情况决定的，一般用 while 语句或者 do…while 语句。
- 当循环体至少执行一次时，用 do…while 语句；反之，如果循环体可能一次也不执行，则选用 while 语句。
- 循环语句中，for 语句使用频率最高，while 语句其次，do 语句很少用。

三种循环语句 for、while、do…while 可以互相嵌套自由组合。但要注意的是，各循环必须完整，相互之间绝不允许交叉。

11.5　实战训练

实战 1： 输出九九乘法表。

使用 JavaScript 中的语句可以实现九九乘法口诀的输出，运行结果如图 11-26 所示。

实战 2： 制作一个动态海报圈。

结合本章所学知识，制作一个动态海报圈，运行结果如图 11-27 所示。

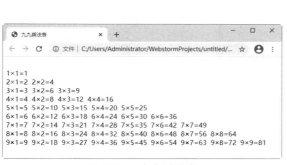

图 11-26　九九乘法表

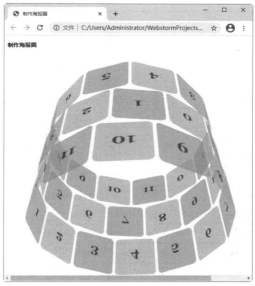

图 11-27　动态海报圈

第12章

JavaScript 对象编程

窗口与对话框是用户浏览网页中最常遇到的元素，在 JavaScript 中，使用窗口对象可以操作窗口与对话框，本章将详细介绍 JavaScript 窗口与人机交互对话框的应用，主要包括窗口对象、打开与关闭窗口、操作窗口对象、调用对话框等。

12.1 窗口（Window）对象

窗口对象表示浏览器中打开的窗口，如果文档包含框架（<frame>或<iframe>标签），浏览器会为 HTML 文档创建一个窗口对象，并为每个框架创建一个额外的窗口对象。

12.1.1 窗口对象属性

窗口对象在客户端 JavaScript 中扮演重要的角色，它是客户端程序的全局（默认）对象，该对象包含多个属性，窗口对象常用的属性及说明如表 12-1 所示。

表 12-1　窗口对象常用的属性及说明

属　　性	说　　明
closed	返回窗口是否已被关闭
defaultStatus	设置或返回窗口状态栏中的默认文本
document	对 Document 对象的只读引用
frames	返回窗口中所有命名的框架。该集合是 Window 对象的数组，每个 Window 对象在窗口中含有一个框架
history	对 History 对象的只读引用
innerHeight	返回窗口的文档显示区的高度
innerWidth	返回窗口的文档显示区的宽度
length	设置或返回窗口中的框架数量
location	用于窗口或框架的 Location 对象
name	设置或返回窗口的名称
navigator	对 Navigator 对象的只读引用
opener	返回对创建此窗口的引用
outerHeight	返回窗口的外部高度，包含工具条与滚动条
outerWidth	返回窗口的外部宽度，包含工具条与滚动条
pageXOffset	设置或返回当前页面相对于窗口显示区左上角的 X 位置

续表

属　　性	说　　明
pageYOffset	设置或返回当前页面相对于窗口显示区左上角的 Y 位置
parent	返回父窗口
screen	对 Screen 对象的只读引用
screenLeft	返回窗口相对于屏幕的 x 坐标
screenTop	返回窗口相对于屏幕的 y 坐标
screenX	返回事件发生时鼠标指针相对于屏幕窗口的 x 坐标
screenY	返回事件发生时鼠标指针相对于屏幕窗口的 y 坐标
self	返回对当前窗口的引用。等价于 Window 属性
status	设置窗口状态栏的文本
top	返回最顶层的父窗口

　　熟悉并了解窗口对象的各种属性，将有助于 Web 应用开发者的设计开发。下面以 parent 属性为例，介绍窗口对象属性的应用。parent 属性返回当前窗口的父窗口，语法格式如下：

```
window.parent
```

【例 12-1】返回当前窗口的父窗口（源代码\ch12\12.1.html）。

```
<!DOCTYPE html>
<html>
<head>
    <title>parent 属性的应用</title>
</head>
<body>
<script>
    function openWin(){
        window.open('','','width=200,height=100');
        alert(window.parent.location);
    }
</script>
<input type="button" value="打开窗口" onclick="openWin()">
</body>
</html>
```

　　运行结果如图 12-1 所示。单击"打开窗口"按钮，即可打开新窗口，并在父窗口弹出警告提示框，如图 12-2 所示。

图 12-1　parent 属性应用示例

图 12-2　警告提示框

12.1.2　窗口对象方法

　　除了对象属性外，窗口对象还拥有很多方法。窗口对象常用的方法及说明如表 12-2 所示。

表 12-2 窗口对象常用的方法及说明

方　　法	说　　明
alert()	显示带有一段消息和一个确认按钮的警告框
blur()	将键盘焦点从顶层窗口移开
clearInterval()	取消由 setInterval()方法设置的 timeout
clearTimeout()	取消由 setTimeout()方法设置的 timeout
close()	关闭浏览器窗口
confirm()	显示带有一段消息以及"确认"按钮和"取消"按钮的对话框
createPopup()	创建一个 pop-up 窗口
focus()	将键盘焦点给予一个窗口
moveBy()	可相对窗口的当前坐标将它移动指定的像素
moveTo()	将窗口的左上角移动到一个指定的坐标
open()	打开一个新的浏览器窗口或查找一个已命名的窗口
print()	打印当前窗口的内容
prompt()	显示可提示用户输入的对话框
resizeBy()	按照指定的像素调整窗口的大小
resizeTo()	将窗口的大小调整到指定的宽度和高度
scrollBy()	按照指定的像素值来滚动内容
scrollTo()	将内容滚动到指定的坐标
setInterval()	按照指定的周期（以毫秒计）来调用函数或计算表达式
setTimeout()	在指定的毫秒数后调用函数或计算表达式

1. 打开窗口

使用 open()方法可以打开一个新的浏览器窗口或查找一个已命名的窗口。语法格式如下：

```
window.open(URL,name,specs,replace)
```

【例 12-2】直接打开新窗口（源代码\ch12\12.2.html）。

```
<!DOCTYPE html>
<html>
<head>
    <title>直接打开新窗口</title>
    <script>
        window.open('','','width=200,height=100');
    </script>
</head>
<body>
<p>这是'我的新窗口'</p>
</body>
</html>
```

运行结果如图 12-3 所示，其中空白页就是直接打开的窗口。

图 12-3　直接打开新窗口

【例 12-3】通过单击按钮打开新窗口（源代码\ch12\12.3.html）。

```
<!DOCTYPE html>
<html>
<head>
    <title>通过按钮打开新窗口</title>
    <script>
        function open_win() {
            window.open("http://www.baidu.com");
        }
    </script>
</head>
<body>
<form>
    <input type="button" value="打开窗口" onclick="open_win()">
</form>
</body>
</html>
```

运行结果如图 12-4 所示。单击"打开窗口"按钮，即可直接在新窗口中打开百度网站的首页。
如图 12-5 所示。

图 12-4　代码运行的显示效果

图 12-5　单击按钮直接在新窗口中打开页面

2. 关闭窗口

可以在 JavaScript 中使用窗口对象的 close()方法关闭指定的已经打开的窗口。语法格式如下：

```
window.close()
```

例如，想要关闭窗口，可以使用下面任意一个语句来实现：

```
window.close()
close()
this.close()
```

下面给出一个实例，首先用户通过窗口对象的 open()方法打开一个新窗口，然后通过按钮关闭
该窗口。

【例 12-4】关闭新窗口（源代码\ch12\12.4.html）。

```
<!DOCTYPE html>
<html>
<head>
    <title>关闭新窗口</title>
    <script>
        function openWin(){
            myWindow=window.open("","","width=200,height=100");
            myWindow.document.write("<p>这是'我的新窗口'</p>");
        }
        function closeWin(){
```

```
            myWindow.close();
        }
    </script>
</head>
<body>
<input type="button" value="打开我的窗口" onclick="openWin()" />
<input type="button" value="关闭我的窗口" onclick="closeWin()" />
</body>
</html>
```

运行结果如图 12-6 所示。单击"打开我的窗口"按钮，即可直接在新窗口中打开我的窗口，如图 12-7 所示。

图 12-6　代码运行的显示效果

图 12-7　打开新窗口

单击"关闭我的窗口"按钮，即可关闭打开的新窗口，如图 12-8 所示。

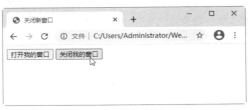

图 12-8　关闭新窗口

12.2　JavaScript 对话框

JavaScript 提供了三个标准的对话框，分别是警告对话框、确认对话框和提示对话框，这三个对话框都是基于窗口对象产生的，即作为窗口对象的方法而使用的。

12.2.1　警告对话框

采用 alert()方法可以调用警告对话框或信息提示对话框，语法格式如下：

```
alert(message)
```

其中 message 是在对话框中显示的提示信息。当使用 alert()方法打开消息框时，整个文档的加载以及所有脚本的执行等操作都会暂停，直到用户单击消息框中的"确定"按钮，所有的动作才继续进行。

【例 12-5】利用 alert()方法弹出一个含有提示信息的对话框（源代码\ch12\12.5.html）。

```
<!DOCTYPE html>
<html>
<head>
<title>Windows 提示框</title>
<script type="text/javaScript">
window.alert("提示信息");
```

```
function showMsg(msg)
{
    if(msg == "简介")  window.alert("提示信息：简介");
    window.status = "显示本站的" + msg;
    return true;
}
window.defaultStatus = "欢迎光临本网站";
</script>
</head>
<body>
  <form name="frmData" method="post" action="#">
    <table width="400" align="center" border="1" cellspacing="0">
      <thead>
        <th colspan="3">在线购物网站</th>
      </thead>
      <SCRIPT LANGUAGE="JavaScript" type="text/javaScript">
      <!--
      window.alert("加载过程中的提示信息");
      //-->
      </script>
      <tr>
        <td valign="top" width="200">
          <ul>
          <li><a href="#" onmouseover="return showMsg('主页')">主页</a></li>
          <li><a href="#" onmouseover="return showMsg('简介')">简介</a></li>
      <li><a href="#" onmouseover="return showMsg('联系方式')">联系方式</a></li>
      <li><a href="#" onmouseover="return showMsg('业务介绍')">业务介绍</a></li>
          </ul>
        </td>
        <td valign="top" width="300">
          上网购物是新的一种购物理念
        </td>
      </tr>
    </table>
  </form>
</body>
</html>
```

运行结果如图 12-9 所示，上面代码加载至 JavaScript 中的第一条 window.alert()语句时，会弹出一个提示框。

单击"确定"按钮，当页面加载至 table 时，此时状态条已经显示"欢迎光临本网站"的提示消息，说明设置状态条默认信息的语句已经执行，如图 12-10 所示。

图 12-9　信息提示框显示效果

图 12-10　显示加载过程中的提示信息

再次单击"确定"按钮，当光标移至超级链接"简介"时，即可看到相应的提示信息，如图 12-11 所示。

待整个页面加载完毕，状态条会显示默认的信息，如图 12-12 所示。

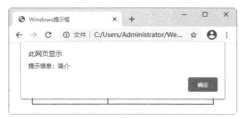

图 12-11 提示信息为"简介"

图 12-12 显示默认信息

12.2.2　确认对话框

采用 confirm()方法可以调用一个带有指定消息以及"确定"和"取消"按钮的对话框。如果访问者单击"确定"按钮，此方法返回 true，否则返回 false。语法格式如下：

```
confirm(message)
```

【例 12-6】显示一个确认框，提醒用户单击了什么内容（源代码\ch12\12.6.html）。

```
<!DOCTYPE html>
<html>
<head>
    <title>显示一个确认框</title>
</head>
<body>
<p>单击按钮,显示确认框.</p>
<button onclick="myFunction()">确认</button>
<p id="demo"></p>
<script>
    function myFunction(){
        var x;
        var r=confirm("按下按钮!");
        if (r==true){
            x="你按下了【确定】按钮!";
        }
        else{
            x="你按下了【取消】按钮!";
        }
        document.getElementById("demo").innerHTML=x;
    }
</script>
</body>
</html>
```

运行结果如图 12-13 所示，单击"确认"按钮，弹出一个信息提示框，提示用户需要按下按钮进行选择。如图 12-14 所示。

图 12-13 显示一个确认框

图 12-14 弹出信息提示框

　　单击"确定"按钮，返回到页面中，可以看到页面中显示用户单击了"确定"按钮，如图 12-15所示。

　　如果单击 "取消"按钮，返回到页面中，可以看到在页面中显示用户单击了"取消"按钮，如图 12-16 所示。

图 12-15　单击"确定"按钮后的提示信息

图 12-16　单击"取消"按钮后的提示信息

12.2.3　提示对话框

　　采用 prompt()方法可以在浏览器窗口中弹出一个提示框，与警告框和确认框不同，提示框中会有一个文本框，其中会显示提示字符串，并等待用户输入，当用户在该文本框中输入文字并单击"确定"按钮时，会返回用户输入的字符串；当单击"取消"按钮时，会返回 null 值。语法格式如下：

```
prompt(msg,defaultText)
```

其中参数 msg 为可选项，表示要在对话框中显示的纯文本（不是 HTML 格式的文本）；defaultText也为可选项，表示默认的输入文本。

　　【例 12-7】显示一个提示框，并输入内容（源代码\ch12\12.7.html）。

```
<!DOCTYPE html>
<html>
<head>
    <title>显示一个提示框,并输入内容</title>
    <script type="text/javascript">
        function askGuru()
        {
            var question = prompt("请输入数字?","")
            if (question != null)
            {
                if (question == "")              //如果输入为空
                    alert("您还没有输入数字！");     //弹出提示
                else                             //否则
                    alert("你输入的是数字哦！");     //弹出信息框
            }
        }
    </script>
</head>
<body>
<div align="center">
    <h1>显示一个提示框,并输入内容</h1>
    <hr>
    <br>
    <form action="#" method="get">
        <!--通过onclick调用askGuru()函数-->
        <input type="button" value="确定" onclick="askGuru();" >
    </form>
</div>
</body>
</html>
```

运行结果如图 12-17 所示，单击"确定"按钮，弹出一个信息提示框，提示用户在文本框中输入数字，这里输入"1000"，如图 12-18 所示。

图 12-17 代码运行显示效果

图 12-18 输入数字

单击"确定"按钮，弹出一个信息提示框，提示用户输入了数字，如图 12-19 所示。

如果没有输入数字，直接单击"确定"按钮，则在弹出的信息提示框中提示用户还没有输入数字，如图 12-20 所示。

图 12-19 提示用户输入了数字

图 12-20 提示用户还没输入数字

☆**大牛提醒**☆

使用窗口对象的 alert()方法、confirm()方法、prompt()方法都会弹出一个对话框，并且在对话框弹出后，如果用户没有对其进行操作，那么当前页面及 JavaScript 会暂停执行。这是因为使用这 3 种方法弹出的对话框都是模式对话框，除非用户对对话框进行操作，否则无法进行其他应用，包括无法操作页面。

12.3　文档对象

文档对象代表浏览器窗口中的文档，多数用来获取 HTML 页面中某个元素。

12.3.1　文档对象属性

窗口对象具有 Document 属性，该属性表示在窗口中显示 HTML 文件的文档对象。客户端 JavaScript 可以将静态 HTML 文档转换为交互式的程序，因为文档对象提供交互访问静态文档内容的功能。除了提供文档整体信息的属性外，文档对象还有很多的重要属性，这些属性提供文档内容的信息，如表 12-3 所示。

表 12-3 文档对象常用的属性及说明

属　　性	说　　明
document.alinkColor	链接文字的颜色，对应于<body>标记中的 alink 属性
document.vlinkColor	表示已访问的链接文字的颜色，对应于<body>标记中的 vlink 属性

续表

属　　性	说　　明
document.linkColor	未被访问的链接文字的颜色，对应于\<body\>标记中的 link 属性
document.bgColor	文档的背景色，对应于 HTML 文档中\<body\>标记的 bgcolor 属性
document.fgColor	文档的文本颜色（不包含超链接的文字），对应于 HTML 文档中\<body\>标记的 text 属性
document.fileSize	当前文件的大小
document.fileModifiedDate	文档最后修改的日期
document.fileCreatedDate	文档创建的日期
document.activeElement	返回当前获取焦点元素
document.adoptNode(node)	从另外一个文档中获取节点
document.anchors	返回对文档中所有 Anchor 对象的引用
document.applets	返回对文档中所有 Applet 对象的引用
document.baseURI	返回文档的绝对基础 URI
document.body	返回文档的 body 元素
document.cookie	设置或返回与当前文档有关的所有 cookie
document.doctype	返回与文档相关的文档类型声明（DTD）
document.documentElement	返回文档的根节点
document.documentMode	返回用于通过浏览器渲染文档的模式
document.documentURI	设置或返回文档的位置
document.domain	返回当前文档的域名
document.domConfig	返回 normalizeDocument()被调用时所使用的配置
document.embeds	返回文档中所有嵌入的内容（embed）集合
document.forms	返回对文档中所有 Form 对象的引用
document.images	返回对文档中所有 Image 对象的引用
document.implementation	返回处理该文档的 DOMImplementation 对象
document.inputEncoding	返回用于文档的编码方式（在解析时）
document.lastModified	返回文档被最后修改的日期和时间
document.links	返回对文档中所有 Area 和 Link 对象的引用
document.readyState	返回文档状态（载入中……）
document.referrer	返回载入当前文档的 URL
document.scripts	返回页面中所有脚本的集合
document.strictErrorChecking	设置或返回是否强制进行错误检查
document.title	返回当前文档的标题
document.URL	返回文档完整的 URL

　　文档对象提供了一系列属性，可以对页面元素进行各种属性设置，其中 alinkColor、fgColor、bgColor 等几个颜色属性可以设置 Web 页面的显示颜色，一般定义在\<body\>标记中，通常要在文档布局确定之前完成设置。

1. alinkColor 属性

使用文档对象的 alinkColor 属性可以定义活动链接的颜色，语法格式如下：

```
document.alinkColor= "colorValue";
```

其中 colorValue 是用户指定的颜色，其值可以是 red、blue、green、black、gray 等颜色名称，也可以是十六进制 RGB 值，如白色对应的十六进制 RGB 值为#FFFF。

例如，需要指定用户单击链接时链接的颜色为红色，代码如下：

```
<script type="text/javascript">
    document.alinkColor="red";
</script>
```

也可以在<body>标记的 onload 事件中添加，代码如下：

```
<body onload="document.alinkColor='red';">
```

☆**大牛提醒**☆

使用基于 RGB 的 16 位色时，需要注意在值前面加上"#"号，同时颜色名称和颜色值不区分大小写，red 与 Red 和 RED 的效果相同，#ff0000 与#FF0000 的效果也相同。

2. bgColor 属性

bgColor 表示文档的背景颜色，通过文档对象的 bgColor 属性获取或更改。语法格式如下：

```
var colorStr=document.bgColor;
```

其中 colorStr 是当前文档的背景色的值。

3. fgColor 属性

使用文档对象的 fgColor 属性可以修改文档中的文字颜色，即设置文档的前景色。语法格式如下：

```
var fgColorObj=document.fgColor;
```

其中 fgColorObj 表示当前文档的前景色的值。获取与设置文档前景色的方法与操作文档背景色的方法相似。

4. linkColor 属性

使用文档对象的 linkColor 属性可以设置文档中未访问链接的颜色。其属性值与 alinkColor 类似，可以使用十六进制 RGB 颜色字符串表示。语法格式如下：

```
var colorVal=document.linkColor;        //获取当前文档中链接的颜色
document.linkColor="colorValue";        //设置当前文档链接的颜色
```

例如，需要指定文档未访问链接的颜色为红色，代码如下：

```
< script type="text/javascript">
document.linkColor="red";
</script>
```

与设定活动链接的颜色相同，设置文档链接的颜色也可以在<body>标记的 onload 事件中添加，代码如下：

```
<body onload="document.linkColor='red';">
```

5. vlinkColor 属性

使用文档对象的 vlinkColor 属性可以设置文档中用户已访问链接的颜色。语法格式如下：

```
var colorStr=document.vlinkColor;       //获取用户已观察过的文档链接的颜色
document.vlinkColor="colorStr";         //设置用户已观察过的文档链接的颜色
```

例如，需要指定用户已观察过的链接的颜色为绿色，代码如下：

```
< script type="text/javascript">
```

```
document.vlinkColor="green";
</script>
```

也可以在<body>标记的 onload 事件中添加，代码如下：

```
<body onload="document.vlinkColor='green';">
```

【例 12-8】动态改变页面的背景颜色并查看已访问链接的颜色（源代码\ch12\12.8.html）。

```
<!DOCTYPE html>
<html>
<head>
    <title>颜色属性</title>
    <script type="text/javascript">
        //设置文档的颜色显示
        function SetColor()
        {
            document.bgColor="yellow";
            document.fgColor="green";
            document.linkColor="red";
            document.alinkColor="blue";
            document.vlinkColor="purple";
        }
        //改变文档的背景色为海蓝色
        function ChangeColorOver()
        {
            document.bgColor="navy";
            return;
        }
        //改变文档的背景色为黄色
        function ChangeColorOut()
        {
            document.bgColor="yellow";
            return;
        }
    </script>
</head>
<body onload="SetColor()">
<center>
    <br>
    <p>设置颜色</p>
    <a href="个人主页.html">链接颜色</a>
    <form name="MyForm3">
        <input type="submit" name="MySure" value="动态背景色"
            onmouseover="ChangeColorOver()" onmouseOut="ChangeColorOut()">
    </form>
    <center>
</body>
</html>
```

运行结果如图 12-21 所示。移动光标到"动态背景色"按钮上时即可触发 onmouseOver()事件调用 ChangeColorOver()函数来动态改变文档的背景颜色为海蓝色；当光标移离"动态背景色"按钮时，即可触发 onmouseOut()事件调用 ChangeColorOut()函数将页面背景颜色恢复为黄色，如图 12-22 所示。

图 12-21　代码运行显示效果

图 12-22　动态变换背景色

单击"链接颜色"链接可以查看设置的已访问链接为颜色，这里设置为蓝色，如图 12-23 所示。

图 12-23　设置访问过的链接颜色

12.3.2　文档对象方法

文档对象有很多方法，其中包括以前程序中经常看到的 document.write()方法。文档对象常用的方法及说明如表 12-4 所示。

表 12-4　文档对象常用的方法及说明

方　　法	说　　明
document.addEventListener()	向文档添加句柄
document.close()	关闭用 document.open()方法打开的输出流，并显示选定的数据
document.open()	打开一个流，以收集来自任何 document.write()或 document.writeln()方法的输出
document.createAttribute()	创建属性节点
document.createComment()	创建注释节点
document.createDocumentFragment()	创建空的 DocumentFragment 对象，并返回此对象
document.createElement()	创建元素节点
document.createTextNode()	创建文本节点
document.getElementsByClassName()	返回文档中所有指定类名的元素集合，作为 NodeList 对象
document.getElementById()	返回对拥有指定 ID 的第一个对象的引用
document.getElementsByName()	返回带有指定名称的对象集合
document.getElementsByTagName()	返回带有指定标签名的对象集合
document.importNode()	将一个节点从另一个文档复制到该文档以便应用
document.normalize()	删除空文本节点，并连接相邻节点
document.normalizeDocument()	删除空文本节点，并连接相邻节点的文档
document.querySelector()	返回文档中匹配指定的 CSS 选择器的第一元素
document.querySelectorAll()	document.querySelectorAll()是 HTML5 中引入的新方法，返回文档中匹配的 CSS 选择器的所有元素节点列表
document.removeEventListener()	移除文档中的事件句柄（由 addEventListener()方法添加）
document.renameNode()	重命名元素或者属性节点
document.write()	向文档写 HTML 表达式或 JavaScript 代码
document.writeln()	等同于 write()方法，不同的是在每个表达式之后写一个换行符

文档对象提供的属性和方法主要用于设置浏览器当前载入文档的相关信息、管理页面中已存在的标记元素对象、向目标文档中添加新文本内容、产生并操作新的元素等。下面介绍常用方法的应用。

1. getElementById()方法

使用 getElementById()方法可以获取文本框并修改其内容，该方法可以通过指定的 ID 来获取 HTML 标记，并将其返回，语法格式如下：

```
document.getElementById(elementID)
```

下面给出一个实例，在页面加载后的文本框中将显示初始文本内容，单击"修改文本"按钮后，将改变文本框中的内容。

【例 12-9】修改文本框中的内容（源代码\ch12\12.9.html）。

```
<!DOCTYPE html>
<html>
<head>
    <title>改变文本内容</title>
</head>
<body>
<p id="demo">单击按钮来改变这一段中的文本.</p>
<button onclick="myFunction()">修改文本</button>
<script type="text/javascript">
    function myFunction(){
        document.getElementById("demo").innerHTML="Hello JavaScript";
    }
</script>
</body>
</html>
```

运行结果如图 12-24 所示。单击"修改文本"按钮，即可修改页面中的文本信息，如图 12-25 所示。

图 12-24　代码运行显示效果

图 12-25　改变文本的内容

2. 在文档中输出数据

使用 document.write()方法和 document.writeln()方法可以在文档中输出数据，其中 document.write() 方法用于向 HTML 文档中输出数据，数据包括字符串、数字和 HTML 标记等，语法格式如下：

```
document.write(exp1,exp2,exp3,…)
```

document.writeln()方法与 document.write()方法的作用相同，二者唯一的差异在于 writeln()方法在所输出的内容后添加了一个回车换行符，但回车换行符只有在 HTML 文档的\<pre>\</pre>标记内才能被识别。语法格式如下：

```
document.writeln(exp1,exp2,exp3,…)
```

下面给出一个实例，该实例分别使用 document.writeln()方法与 document.write()方法在页面中输出几段文字，以此对比分析两种方法的差异。

【例 12-10】在文档中输出数据（源代码\ch12\12.10.html）。

```
<!DOCTYPE html>
<html>
<head>
    <title>在文档中输出数据</title>
```

```
</head>
<body>
<p>注意 write()方法不会在每个语句后面新增一行: </p>
<pre>
<script>
document.write("<h1>Hello World! </h1>");
document.write("<h1>Have a nice day! </h1>");
</script>
</pre>
<p>注意 writeln()方法在每个语句后面新增一行: </p>
<pre>
<script>
document.writeln("<h1>Hello World! </h1>");
document.writeln("<h1>Have a nice day! </h1>");
</script>
</pre>
</body>
</html>
```

运行结果如图 12-26 所示。

图 12-26　在文档中输出数据显示效果

3. 在新窗口中输出数据

使用 document.open()与 document.close()方法可以在打开的新窗口中输出数据，其中 document.open() 方法用来打开文档输出流，并接受 writeln()与 write()方法的输出，此方法可以不指定参数，语法格式如下：

```
document.open(MIMEtype,replace)
```

document.close()方法用于关闭文档的输出流，语法格式如下：

```
document.close()
```

下面给出一个实例，通过单击页面中的按钮，打开一个新窗口，并在新窗口中输出新的内容。

【例 12-11】在新窗口中输出数据（源代码\ch12\12.11.html）。

```
<!DOCTYPE html>
<html>
<head>
    <title>在新窗口中输出数据</title>
    <script>
        function createDoc(){
            var w=window.open();
            w.document.open();
            w.document.write("<h1>Hello JavaScript!</h1>");
```

```
            w.document.close();
        }
    </script>
</head>
<body>
<input type="button" value="新窗口的新文档" onclick="createDoc()">
</body>
</html>
```

运行结果如图 12-27 所示。单击"新窗口的新文档"按钮，即可在新的窗口中输出新数据内容，如图 12-28 所示。

图 12-27　代码运行显示效果

图 12-28　在新窗口中输出新数据

12.4　文档对象模型

DOM（Document Object Model），即文档对象模型，是面向 HTML 和 XML 的应用程序接口。

12.4.1　DOM 简介

DOM 将整个 HTML 页面文档规划成由多个相互连接的节点级构成的文档，文档中的每个部分都可以看作是一个节点的集合，这个节点集合可以看作是一个节点树（Tree），通过这个文档树，开发者可以通过 DOM 对文档的内容和结构进行便捷地遍历、添加、删除、修改和替换节点。如图 12-29 所示，DOM 被构造为对象的树。

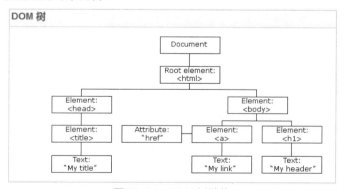

图 12-29　DOM 树结构

通过可编程的对象模型，JavaScript 获得了足够的能力来创建动态的 HTML，可以改变页面中所有的 HTML 元素、CSS 样式、HTML 属性，并且可以对页面中的所有事件做出反映。可以说，DOM 是一种与浏览器、平台、语言无关的接口。

另外，通过 DOM 很好地解决了 Netscape 的 JavaScript 和 Microsoft 的 JavaScript 之间的冲突，给予 Web 设计师和开发者一个标准的方法，可以方便地访问站点中的数据、脚本和表现层对象。

12.4.2 基本的 DOM 方法

DOM 方法很多，这里只介绍一些基本的方法，包括直接引用节点、间接引用节点、获得节点信息、处理节点信息、处理文本节点以及文档层次结构相关等。

1. 直接引用节点

- document.getElementById(id)方法：在文档中通过 ID 来找节点，返回找到的节点对象，只有一个。
- document.getElementsByTagName(tagName)方法：通过 HTML 的标记名称在文档里面查找，返回满足条件的数组对象。

2. 间接引用节点

- element.parentNode 属性：引用父节点。
- element.childNodes 属性：返回所有的子节点的数组。
- element.nextSibling 属性和 element.nextPreviousSibling 属性：分别是对下一个兄弟节点和上一个兄弟节点的引用。

3. 获得节点信息

- nodeName 属性：获得节点名称。
- nodeType 属性：获得节点类型。
- nodeValue 属性：获得节点的值。
- hasChildNodes()方法：判断是否有子节点。
- tagName 属性：获得标记名称。

4. 处理节点信息

- elementNode.setAttribute(attributeName,attributeValue)方法：设置元素节点的属性。
- elementNode.getAttribute(attributeName)方法：获取属性值。

5. 处理文本节点

- innerHTML 属性：设置或返回节点开始和结束标记之间的 HTML。
- innerText 属性：设置或返回节点开始和结束标记之间的文本，不包括 HTML 标记。

6. 文档层级结构相关

- document.createElement()方法：创建元素节点。
- document.createTextNode()方法：创建文本节点。
- appendChild(childElement)方法：添加子节点。
- insertBefore(newNode,refNode)方法：插入子节点，newNode 为插入的节点，refNode 为将插入的节点插入到这之前。
- replaceChild(newNode,oldNode)方法：取代子节点，oldNode 必须是 parentNode 的子节点。
- cloneNode(includeChildren)方法：复制节点，includeChildren 为 bool，表示是否复制其子节点。
- removeChild(childNode)方法：删除子节点。

12.5　操作 DOM 中的节点

在 DOM 中通过使用基本的 DOM 方法可以操作 DOM 中的节点，如访问节点、创建节点、插入节点等。

12.5.1　访问节点

使用 getElementById()方法可以访问指定 ID 的节点，并用 nodeName 属性、nodeType 属性和 nodeValue 属性显示该节点的名称、节点类型和节点的值。

【例 12-12】在页面弹出提示框中显示指定节点信息（源代码\ch12\12.12.html）。

```
<!DOCTYPE html>
<html>
<head>
    <title>访问指定节点</title>
</head>
<body id="b1">
<h3>个人主页</h3>
<b>我的小店</b>
<script>
    var by=document.getElementById("b1");
    var str;
    str="节点名称:"+by.nodeName+"\n";
    str+="节点类型:"+by.nodeType+"\n";
    str+="节点值:"+by.nodeValue+"\n";
    alert(str);
</script>
</body>
</html>
```

运行结果如图 12-30 所示。

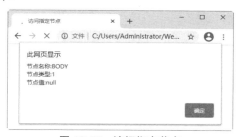

图 12-30　访问指定节点

12.5.2　创建节点

创建新的节点，首先需要通过使用文档对象中的 createElement()方法和 createTextNode()方法生成一个新元素，并生成文本节点，再通过使用 appendChild()方法将创建的新节点添加到当前节点的末尾处，语法格式如下：

```
node.appendChild(node)
```

【例 12-13】创建节点（源代码\ch12\12.13.html）。

```
<!DOCTYPE html>
<html>
<head>
    <title>创建节点</title>
</head>
<body>
<ul id="myList"><li>咖啡</li><li>红茶</li></ul>
<p id="demo">单击按钮将项目添加到列表中，从而创建一个节点</p>
<button onclick="myFunction()">创建节点</button>
<script>
```

```
    function myFunction(){
        var node=document.createElement("LI");
        var textnode=document.createTextNode("开水");
        node.appendChild(textnode);
        document.getElementById("myList").appendChild(node);
    }
</script>
<p><strong>注意:</strong><br>首先创建一个节点,<br> 然后创建一个文本节点,<br>然后将文本节点
添加到 LI 节点上.<br>最后将节点添加到列表中.</p>
</body>
</html>
```

运行结果如图 12-31 所示。单击"创建节点"按钮，即可在列表中添加项目，从而创建一个节点，如图 12-32 所示。

图 12-31　创建节点

图 12-32　添加项目并创建节点

12.5.3　插入节点

使用 insertBefore()方法可以在已有的子节点前插入一个新的子节点。语法格式如下：

```
node.insertBefore(newnode,existingnode)
```

【例 12-14】插入节点（源代码\ch12\12.14.html）。

```
<!DOCTYPE html>
<html>
<head>
    <title>插入节点</title>
</head>
<body>
<ul id="myList1"><li>咖啡</li><li>红茶</li></ul>
<ul id="myList2"><li>开水</li><li>牛奶</li></ul>
<p id="demo">单击该按钮将一个项目从一个列表移动到另一个列表,从而完成插入节点的操作</p>
<button onclick="myFunction()">插入节点</button>
<script>
    function myFunction(){
        var node=document.getElementById("myList2").lastChild;
        var list=document.getElementById("myList1");
        list.insertBefore(node,list.childNodes[0]);
    }
</script>
</body>
</html>
```

运行结果如图 12-33 所示。单击"插入节点"按钮，即可将一个项目从一个列表移动到另一个列表，从而插入节点，如图 12-34 所示。

图 12-33　插入节点

图 12-34　移动项目到另一列表

12.5.4　删除节点

使用 removeChild()方法可以从子节点列表中删除某个节点，如果删除成功，此方法可返回被删除的节点；如果失败，则返回 NULL。语法格式如下：

```
node.removeChild(node)
```

【例 12-15】删除节点（源代码\ch12\12.15.html）。

```html
<!DOCTYPE html>
<html>
<head>
<title>删除节点</title>
</head>
<body>
<ul id="myList"><li>咖啡</li><li>红茶</li><li>牛奶</li></ul>
<p id="demo">单击按钮移除列表的第一项，从而完成删除节点操作</p>
<button onclick="myFunction()">删除节点</button>
<script>
function myFunction(){
    var list=document.getElementById("myList");
    list.removeChild(list.childNodes[0]);
}
</script>
</body>
</html>
```

运行结果如图 12-35 所示。单击"删除节点"按钮，即可从子节点列表中删除某个节点，从而完成删除节点的操作，如图 12-36 所示。

图 12-35　删除节点

图 12-36　通过按钮删除列表第一项

12.5.5　复制节点

使用 cloneNode()方法可以创建指定的节点的精确复制，cloneNode()方法复制所有属性和值。该方法将复制并返回调用它的节点的副本。如果传递给它的参数是 true，将递归复制当前节点的所有子孙节点，否则只复制当前节点。语法格式如下：

```
node.cloneNode(deep)
```

【例 12-16】复制节点（源代码\ch12\12.16.html）。

```
<!DOCTYPE html>
<html>
<head>
<title>复制节点</title>
</head>
<body>
<ul id="myList1"><li>咖啡</li><li>红茶</li></ul>
<ul id="myList2"><li>开水</li><li>牛奶</li></ul>
<p id="demo">单击按钮将项目从一个列表复制到另一个列表中</p>
<button onclick="myFunction()">复制节点</button>
<script>
function myFunction(){
    var itm=document.getElementById("myList2").lastChild;
    var cln=itm.cloneNode(true);
    document.getElementById("myList1").appendChild(cln);
}
</script>
</body>
</html>
```

运行结果如图 12-37 所示。单击"复制节点"按钮，即可将项目从一个列表复制到另一个列表中，从而完成复制节点的操作，如图 12-38 所示。

图 12-37　复制节点

图 12-38　复制项目到第一个列表中

12.5.6　替换节点

使用 replaceChild()方法可以将某个子节点替换为另一个节点，这个新节点可以是文本中已存在的，或者是用户自己新创建的。语法格式如下：

```
node.replaceChild(newnode,oldnode)
```

【例 12-17】替换节点（源代码\ch12\12.17.html）。

```
<!DOCTYPE html>
<html>
<head>
<title>替换节点</title>
</head>
<body>
<ul id="myList"><li>咖啡</li><li>红茶</li><li>牛奶</li></ul>
<p id="demo">单击按钮替换列表中的第一项.</p>
```

```
<button onclick="myFunction()">替换节点</button>
<script>
function myFunction(){
    var textnode=document.createTextNode("开水");
    var item=document.getElementById("myList").childNodes[0];
    item.replaceChild(textnode,item.childNodes[0]);
}
</script>
<p>首先创建一个文本节点.<br>然后替换第一个列表中的第一个子节点.</p>
</body>
</html>
```

运行结果如图 12-39 所示。单击"替换节点"按钮，即可替换列表中的第一项，从而完成替换节点的操作，如图 12-40 所示。

图 12-39　替换节点

图 12-40　替换列表中的第一项

☆**大牛提醒**☆

该实例只将文本节点的"咖啡"替换为"开水"，而不是替换整个 LI 元素，这也是替换节点的一种方法。

12.6　新手疑难问题解答

问题 1：如何在 JavaScript 中验证表单数据？

解答：验证表单内容包括非空验证和格式验证。首先，使用文档对象的 getElementById()方法获取各个表单内容的对象，然后通过"对象.value"的方法进行条件判断，当条件满足时，程序继承执行，否则程序停止，并弹出提示信息。

问题 2：在关闭窗口时，为什么没有提示信息弹出？

解答：在 JavaScript 中使用 window.close()方法关闭当前窗口时，如果当前窗口是通过 JavaScript 打开的，则不会有提示信息。在某些浏览器中，如果打开需要关闭窗口的浏览器只有当前窗口的历史访问记录，使用 window.close()关闭窗口时，同样不会有提示信息。

12.7　实战训练

实战 1：制作树形导航菜单。

树形导航菜单是网页设计中最常用的菜单之一，首先设计 HTML 框架，然后在页面中添加 JavaScript 代码，实现单击展开效果，最后使用 CSS 修改菜单风格，运行结果如图 12-41 所示。

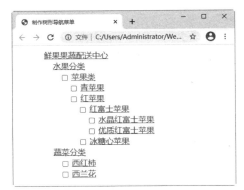

图 12-41　树形导航菜单

实战 2：制作询问式对话框。

制作一个音乐网页，当访问该网页时，弹出一个询问式对话框，让用户自己选择。运行结果如图 12-42 所示，这里弹出一个询问式对话框，询问用户是否是音乐爱好者。

单击"确定"按钮，弹出"欢迎您来听音乐！"，如图 12-43 所示。

如果单击"取消"按钮，将弹出"再见，欢迎下次光临！"信息提示框，如图 12-44 所示。

图 12-42　询问式对话框

图 12-43　欢迎信息提示框

图 12-44　再见信息提示框

第13章

JavaScript 事件机制

事件是文档或者浏览器窗口中发生的、特定的交互瞬间，是用户或浏览器自身执行的某种动作，如 click、load 和 mouseover 都是事件的名字，可以说事件是 JavaScript 和 DOM 之间交互的桥梁，事件发生时，调用它的处理函数执行相应的 JavaScript 代码并给出响应。本章就来介绍 JavaScript 的事件机制。

13.1　什么是事件

JavaScript 的事件可以用于处理表单验证、用户输入、用户行为及浏览器动作，如页面加载时触发事件、页面关闭时触发事件、用户单击按钮执行动作、验证用户输入内容的合法性等。

事件将用户和 Web 页面连接在一起，使用户可以与用户进行交互，以响应用户的操作，如浏览器载入文档，或用户动作如敲击键盘、滚动鼠标等触发。而事件处理程序则说明一个对象如何响应事件。在早期支持 JavaScript 脚本的浏览器中，事件处理程序是作为 HTML 标记的附加属性加以定义的，语法格式如下：

```
<input type="button" name="MyButton" value="Test Event" onclick="MyEvent()">
```

目前，JavaScript 的大部分事件命名都是描述性的，如 click、submit、mouseover 等，通过名称就可以知道其含义，一般情况下，在事件名称之间会添加前缀，如对于 click 事件，其处理器名为 onclick。

另外，JavaScript 的事件不仅仅局限于鼠标和键盘操作，也包括浏览器状态的改变，如绝大部分浏览器支持类似 resize 和 load 这样的事件等。load 事件在浏览器载入文档时被触发，如果某事件要在文档载入时被触发，一般应在<body>标记中加入如下语句：

```
"onload="MyFunction()"";
```

事件可以发生在很多场合，包括浏览器本身的状态和页面中的按钮、链接、图片、层等。同时根据 DOM 模型，文本也可以作为对象，并响应相关的动作，如单击鼠标、文本被选择等。

13.2　事件的调用方式

事件通常与函数配合使用，这样就可以通过发生的事件来驱动函数执行，在 JavaScript 中，事件调用的方式有两种，下面分别进行介绍。

13.2.1　在<script>标记中调用

在<script>标记中调用事件是 JavaScript 事件调用方式中比较常用的一种方式，在调用的过程中，首先需要获取要处理对象的引用，然后将要执行的处理函数赋值给对应的事件。

【例 13-1】通过单击按钮显示当前系统的时间（源代码\ch13\13.1.html）。

```html
<!DOCTYPE html>
<html>
<head>
    <title>在<script>标记中调用</title>
</head>
<body>
<p>点击按钮执行<em>displayDate()</em>函数,显示当前时间信息</p>
<button id="myBtn">显示时间</button>
<script>
    document.getElementById("myBtn").onclick=function(){displayDate()};
    function displayDate(){
        document.getElementById("demo").innerHTML=Date();
    }
</script>
<p id="demo"></p>
</body>
</html>
```

运行结果如图 13-1 所示。单击"显示时间"按钮，即可在页面中显示当前系统的日期和时间信息，如图 13-2 所示。

图 13-1　在<script>标记中调用

图 13-2　显示当前系统时间

☆**大牛提醒**☆

在上述代码中使用了 onclick 事件，可以看到该事件处于<script>标记中，另外，在 JavaScript 中指定事件处理程序时，事件名称必须小写，才能正确响应事件。

13.2.2　在元素中调用

在 HTML 元素中调用事件处理程序时，只需要在该元素中添加响应的事件，并在其中指定要执行的代码或者函数名即可。

下面给出一个实例，也是用于显示当前系统的日期和时间的，大家可以和例 13-1 的相关代码进行对比，虽然实现的功能一样，但是代码确是不一样的。

【例 13-2】显示系统时间（源代码\ch13\13.2.html）。

```html
<!DOCTYPE html>
<html>
<head>
    <title>在元素中调用</title>
</head>
<body>
<p>点击按钮执行<em>displayDate()</em>函数,显示当前时间信息</p>
```

```
<button onclick="displayDate()">显示时间</button>
<script>
    function displayDate(){
        document.getElementById("demo").innerHTML=Date();
    }
</script>
<p id="demo"></p>
</body>
</html>
```

运行结果如图 13-3 所示。单击"显示时间"按钮，即可在页面中显示当前系统的日期和时间信息，如图 13-4 所示。

图 13-3　在元素中调用

图 13-4　显示当前系统时间

☆大牛提醒☆

上述代码中使用了 onclick 事件，可以看到该事件处于 button 元素之间，即向按钮元素分配了 onclick 事件。

13.3　JavaScript 常用事件

JavaScript 的常用事件有很多，如鼠标键盘事件、表单事件、网页相关事件等，下面以表格的形式对 JavaScript 的相关事件进行说明，如表 13-1 所示。

表 13-1　JavaScript 的相关事件

分　类	事　　件	说　　明
鼠标 键盘 事件	onkeydown	键盘的某个键被按下时触发此事件
	onkeypress	键盘的某个键被按下或按住时触发此事件
	onkeyup	键盘的某个键被松开时触发此事件
	onclick	鼠标单击某个对象时触发此事件
	ondblclick	鼠标双击某个对象时触发此事件
	onmousedown	某个鼠标按键被按下时触发此事件
	onmousemove	鼠标被移动时触发此事件
	onmouseout	鼠标从某元素移开时触发此事件
	onmouseover	鼠标被移到某元素之上时触发此事件
	onmouseup	某个鼠标按键被松开时触发此事件
	onmouseleave	当鼠标指针移出元素时触发此事件
	onmouseenter	当鼠标指针移动到元素上时触发此事件
	oncontextmenu	单击鼠标右键打开上下文菜单时触发此事件

分 类	事 件	说 明
页面 相关 事件	onload	某个页面或图像被完成加载时触发此事件
	onabort	图像加载被中断时触发此事件
	onerror	当加载文档或图像时发生某个错误触发此事件
	onresize	当浏览器的窗口大小被改变时触发此事件
	onbeforeunload	当前页面的内容将要被改变时触发此事件
	onunload	当前页面将被改变时触发此事件
	onhashchange	当前 URL 的锚部分发生修改时触发此事件
	onpageshow	用户访问页面时触发此事件
	onpagehide	用户离开当前网页跳转到另外一个页面时触发此事件
	onscroll	当文档被滚动时触发此事件
表单 相关 事件	onreset	当重置按钮被单击时触发此事件
	onblur	当元素失去焦点时触发此事件
	onchange	当元素失去焦点并且元素的内容发生改变时触发此事件
	onsubmit	当提交按钮被单击时触发此事件
	onfocus	当元素获得焦点时触发此事件
	onfocusin	元素即将获取焦点时触发此事件
	onfocusout	元素即将失去焦点时触发此事件
	oninput	元素获取用户输入时触发此事件
	onsearch	用户向搜索域输入文本时触发（<input="search">）
	onselect	用户选取文本时触发（<input>和<textarea>）
拖动 相关 事件	ondrag	元素正在拖动时触发此事件
	ondragend	用户完成元素的拖动时触发此事件
	ondragenter	拖动的元素进入放置目标时触发此事件
	ondragleave	拖动元素离开放置目标时触发此事件
	ondragover	拖动元素在放置目标上时触发此事件
	ondragstart	用户开始拖动元素时触发此事件
	ondrop	拖动元素放置在目标区域时触发此事件
编辑 相关 事件	onselect	当文本内容被选择时触发此事件
	onselectstart	当文本内容的选择将开始发生时触发此事件
	oncopy	当页面当前的被选择内容被复制后触发此事件
	oncut	当页面当前的被选择内容被剪切时触发此事件
	onpaste	当内容被粘贴时触发此事件
打印 事件	onafterprint	页面已经开始打印，或者打印窗口已经关闭时触发此事件
	onbeforeprint	页面即将开始打印时触发此事件

13.3.1 鼠标相关事件

鼠标事件是在页面操作中使用最频繁的操作，可以利用鼠标事件在页面中实现鼠标移动、单击时的特殊效果。

1. 鼠标单击事件

单击事件（onclick）是在鼠标单击时被触发的事件，单击是指鼠标指针停留在对象上，按下鼠标键，在没有移动鼠标的同时释放鼠标键的这一完整过程。

下面给出一个实例，通过单击按钮，动态变换背景的颜色，当用户再次单击按钮时，页面背景将以不同的颜色进行显示。

【例 13-3】动态改变背景颜色（源代码\ch13\13.3.html）。

```html
<!DOCTYPE HTML>
<html>
<head>
    <title>通过按钮变换背景颜色</title>
</head>
<body>
<script>
    var Arraycolor=new Array("teal","red","blue","navy","lime","green","purple",
"gray","yellow","white");
    var n=0;
    function turncolors(){
        if (n==(Arraycolor.length-1)) n=0;
        n++;
        document.bgColor = Arraycolor[n];
    }
</script>
<form name="form1" method="post" action="">
    <p>
        <input type="button" name="Submit" value="变换背景颜色" onclick="turncolors()">
    </p>
    <p>使用按钮动态变换背景颜色</p>
</form>
</body>
</html>
```

运行结果如图 13-5 所示。单击"变换背景颜色"按钮，即可改变页面的背景颜色，如图 13-6 所示背景的颜色为绿色。

图 13-5　改变背景颜色

图 13-6　背景颜色为绿色

☆**大牛提醒**☆

鼠标事件一般应用于 Button 对象、CheckBox 对象、Image 对象、Link 对象、Radio 对象、Reset 对象和 Submit 对象，其中 Button 对象一般只会用到 onclick 事件处理程序，因为该对象不能从用户那里得到任何信息，如果没有 onclick 事件处理程序，按钮对象将不会有任何作用。

2. 鼠标按下与松开事件

鼠标的按下事件为 onmousedown 事件，在 onmousedown 事件中，用户将鼠标指针放在对象上按下鼠标键时触发。鼠标的松开事件为 onmouseup 事件，在 onmouseup 事件中，用户将鼠标指针放在对象上鼠标按键被按下的情况下，放开鼠标键时触发。如果接收鼠标键按下事件的对象与鼠标键放开时的对象不是同一个对象，那么 onmouseup 事件不会触发。

onmousedown 事件与 onmouseup 事件有先后顺序，在同一个对象上前者在先后者在后。onmouseup
事件通常与 onmousedown 事件共同使用控制同一对象的状态改变。

【例 13-4】按下鼠标改变超链接文本颜色（源代码\ch13\13.4.html）。

```
<!DOCTYPE html>
<html>
<head>
    <title>改变超链接文本颜色</title>
    <script>
        function myFunction(elmnt,clr){
            elmnt.style.color=clr;
        }
    </script>
</head>
<body>
<p onmousedown="myFunction(this,'red')" onmouseup="myFunction(this,'green')">
    <u>按下鼠标改变超链接文本颜色</u>
</p>
</body>
</html>
```

运行结果如图 13-7 所示。单击网页中的文本即可改变文本的颜色，这里文本的颜色变为红色，
如图 13-8 所示。

图 13-7　改变超链接文本颜色

图 13-8　按下鼠标显示为红色

松开鼠标后，文本的颜色将变成绿色，如图 13-9 所示。

图 13-9　松开鼠标显示为绿色

3. 鼠标指针移入与移出事件

鼠标指针的移入事件为 onmouseover 事件，onmouseover 事件在鼠标指针进入对象范围（移到对
象上）时触发。代码如下：

```
<td onmouseover="modStyle(this)" onmouseout="recoverStyle(this)">
```

当鼠标指针进入单元格时，触发 onmouseover 事件，调用名称为 omdStyle 的事件处理函数，完
成对单元格样式的更改。onmouseover 事件可以应用在所有的 HTML 页面元素中，例如，鼠标指针
经过文字上方时，显示效果为“鼠标曾经过上面。”；鼠标指针离开后，显示效果为“鼠标没有经过
上面。”。具体代码如下：

```
<font size="20" color="#FF0000"
    onmouseover="this.color='#000000';this.innerText='鼠标曾经过上面.'">
    鼠标没有经过上面.
</font>
```

　　鼠标指针的移出事件为 onmouseout 事件，onmouseout 事件在鼠标指针离开对象时触发。onmouseout 事件通常与 onmouseover 事件共同使用改变对象的状态。

　　例如，当鼠标指针移到一段文字上方时，文字颜色显示为红色，当鼠标指针离开文字时，文字恢复原来的黑色，其实现代码如下：

```
<font onmouseover ="this.style.color='red'" onmouseout="this.style.color="black"">
文字颜色改变</font>
```

　　【例 13-5】 鼠标指针移动时改变图片大小（源代码\ch13\13.5.html）。

```
<!DOCTYPE html>
<html>
<head>
    <title>改变图片大小</title>
</head>
<body>
<script>
    function bigImg(x){
        x.style.height="64px";
        x.style.width="64px";
    }
    function normalImg(x){
        x.style.height="32px";
        x.style.width="32px";
    }
</script>
<img onmouseover="bigImg(this)" onmouseout="normalImg(this)" border="0" src="smiley.gif"
alt="Smiley" width="32" height="32">
</body>
</html>
```

　　运行结果如图 13-10 所示。将鼠标指针移动到笑脸图片上，即可将笑脸图片放大显示，如图 13-11 所示。

图 13-10　显示图片

图 13-11　放大显示图片

13.3.2　键盘相关事件

　　键盘事件是指键盘状态的改变，常用的键盘事件有 onkeydown 事件、onkeypress 事件和 onkeyup 事件。

1. onkeydown 事件

　　onkeydown 事件在键盘的按键被按下时触发，onkeydown 事件用于接收键盘的所有按键（包括功能键）被按下时的事件。onkeydown 事件与 onkeypress 事件都在按键按下时触发，但二者是有区别的。

　　例如，在用户输入信息的界面中，经常会有同时输入多条信息（存在多个文本框）的情况，为方便用户使用，通常情况下当用户按 Enter 键时，光标会自动跳入下一个文本框。在文本框中使用如下所示代码，即可实现按 Enter 键跳入下一文本框的功能：

```
<input type="text" name="txtInfo" onkeydown="if(event.keyCode==13) event.keyCode=9">
```

【例 13-6】onkeydown 事件应用示例（源代码\ch13\13.6.html）。

```
<!DOCTYPE html>
<html>
<head>
    <title>onkeydown 事件应用示例</title>
    <script>
        function myFunction(){
            alert("你在文本框内按下一个键");
        }
    </script>
</head>
<body>
<p>当你在文本框内按下一个按键时,弹出一个信息提示框</p>
<input type="text" onkeydown="myFunction()">
</body>
</html>
```

运行结果如图 13-12 所示。将光标定位在页面中的文本框内，按下键盘上的空格键，将弹出一个信息提示框，如图 13-13 所示。

图 13-12　onkeydown 事件

图 13-13　弹出信息提示框

2. onkeypress 事件

onkeypress 事件在键盘的按键被按下时触发。onkeypress 事件与 onkeydown 事件有先后顺序，onkeypress 事件是在 onkeydown 事件之后发生的。此外，当按下任意一个键时，都会触发 onkeydown 事件，但 onkeypress 事件只在按下任一字符键（A～Z 键、数字键）时触发，单独按下功能键（F1～F12 键）、Ctrl 键、Shift 键、Alt 键等，不会触发 onkeypress 事件。

【例 13-7】onkeypress 事件应用示例（源代码\ch13\13.7.html）。

```
<!DOCTYPE html>
<html>
<head>
<title>onkeypress 事件应用示例</title>
<script>
function myFunction(){
    alert("你在文本框内按下一个键");
}
</script>
</head>
<body>
<p>当你在文本框内按下一个按键时,弹出一个信息提示框</p>
<input type="text" onkeypress="myFunction()">
</body>
</html>
```

运行结果如图 13-14 所示。将光标定位在页面中的文本框内，按下键盘上的任意字符键，这里按下 A 键，将弹出一个信息提示框，如图 13-15 所示。如果单独按下功能键，将不会弹出信息提示框。

图 13-14　onkeypress 事件

图 13-15　弹出信息提示框

3. onkeyup 事件

onkeyup 事件中键盘的按键被按下然后放开时触发。例如，页面中要求用户输入数字信息时，使用 onkeyup 事件，对用户输入的信息进行判断，具体代码如下：

```
<input type="text" name="txtNum" onkeyup="if(isNaN(value))execCommand ('undo');">.
```

【例 13-8】onkeyup 事件应用示例（源代码\ch13\13.8.html）。

```
<!DOCTYPE html>
<html>
<head>
    <title>onkeyup 事件应用示例</title>
    <script>
        function myFunction(){
            var x=document.getElementById("fname");
            x.value=x.value.toUpperCase();
        }
    </script>
</head>
<body>
<p>当用户在输入字段释放一个按键时触发函数,该函数将字符转换为大写.</p>
请输入你的英文名字：<input type="text" id="fname" onkeyup="myFunction()">
</body>
</html>
```

运行结果如图 13-16 所示。将光标定位在页面中的文本框内，输入英文名字，这里输入 rose，然后按下空格键，即可将小写英文名字修改为大写，如图 13-17 所示。

图 13-16　onkeyup 事件

图 13-17　小写英文名转换为大写显示

13.3.3　表单相关事件

表单事件实际上就是对元素获得或失去焦点的动作进行控制，可以利用表单事件来改变获得或失去焦点的元素样式，这里的元素可以是同一类型的元素，也可以是多种不同类型的元素。

1. 获得焦点与失去焦点事件

onfocus 获得焦点事件是当某个元素获得焦点时触发事件处理程序，onblur 失去焦点事件是当前元素失去焦点时触发事件处理程序，一般情况下，onfocus 事件与 onblur 事件结合使用，例如可以结合使用 onfocus 事件与 onblur 事件控制文本框中获得焦点时改变样式，失去焦点时恢复原来样式。

下面给出一个实例，设置文本框的背景颜色。本实例是用户在选择页面的文本框时，文本框的背景颜色发生变化，如果选择其他文本框时，原来选择的文本框的颜色恢复为原始状态。

【例 13-9】设置文本框的背景颜色（源代码\ch13\13.9.html）。

```html
<!DOCTYPE HTML>
<html>
<head>
    <title>设置文本框的背景颜色</title>
</head>
<script language="javascript">
    function txtfocus(event){
        var e=window.event;
        var obj=e.srcElement;
        obj.style.background="#F00066";
    }
    function txtblur(event){
        var e=window.event;
        var obj=e.srcElement;
        obj.style.background="FFFFF0";
    }
</script>
<body>
<table align="center" width="280" height="120" border="0">
    <tr>
        <td width="188">登录名:</td>
        <td width="226"><form name="form1" method="post" action="">
        <input type="text" name="textfield" onfocus="txtfocus()" onblur="txtblur()">
        </form></td>
    </tr>
    <tr>
        <td>密码:</td>
        <td><form name="form2" method="post" action="">
        <input type="text" name="textfield2" onfocus="txtfocus()" onblur="txtblur()">
        </form></td>
    </tr>
</table>
</body>
</html>
```

运行结果如图 13-18 所示。选择文本框输入内容时，即可发现文本框的背景色发生了变化，如图 13-19 所示。

图 13-18 onfocus 事件与 onblur 事件

图 13-19 改变文本框的颜色

本实例主要是通过获得焦点事件（onfocus）和失去焦点事件（onblur）来实现的。其中 onfocus

事件是当某个元素获得焦点时发生的事件，onblur 是当前元素失去焦点时发生的事件。

2. 失去焦点修改事件

onchange 失去焦点修改事件只在事件对象的值发生改变并且事件对象失去焦点时触发。该事件一般应用在下拉文本框中。

【**例 13-10**】使用下拉列表框改变字体颜色（源代码\ch13\13.10.html）。

```
<!DOCTYPE HTML>
<html>
<head>
    <title>用下拉列表框改变字体颜色</title>
</head>
<body>
<form name="form1" method="post" action="">
    <input name="textfield" type="text" value="请选择字体颜色">
    <select name="menu1" onChange="Fcolor()">
        <option value="black">黑</option>
        <option value="yellow">黄</option>
        <option value="blue">蓝</option>
        <option value="green">绿</option>
        <option value="red">红</option>
        <option value="purple">紫</option>
    </select>
</form>
<script language="javascript">
    function Fcolor()
    {
        var e=window.event;
        var obj=e.srcElement;
        form1.textfield.style.color=obj.options[obj.selectedIndex].value;
    }
</script>
</body>
</html>
```

运行结果如图 13-20 所示。单击颜色"黑"右侧的下拉按钮，在弹出的下拉列表中选择文本的颜色，如图 13-21 所示。

图 13-20　失去焦点修改事件

图 13-21　改变下拉列表的颜色

3. 表单提交与重置事件

onsubmit 事件在表单提交时触发，该事件可以用来验证表单输入项的正确性；onreset 事件在表单被重置后触发，一般用于清空表单中的文本框。

【**例 13-11**】表单提交的验证（源代码\ch13\13.11.html）。

```
<!DOCTYPE HTML>
<html>
<head>
    <title>表单提交的验证</title>
</head>
```

```html
<body style="font-size:12px">
<table width="486" height="333" border="0" align="center" cellpadding="0" cellspacing="0">
    <tr>
        <td align="center" valign="top">
            <br>
            <table width="86%" border="0" align="center" cellpadding="2" cellspacing="1" bgcolor="#6699CC">
                <form name="form1" onReset="return AllReset()" onsubmit="return AllSubmit()">
                    <tr bgcolor="#FFFFFF">
                        <td height="22" align="right">所属类别:</td>
                        <td height="22" align="left">
                            <select name="txt1" id="txt1">
                                <option value="蔬菜水果">蔬菜水果</option>
                                <option value="干果礼盒">干果礼盒</option>
                                <option value="礼品工艺">礼品工艺</option>
                            </select>
                            <select name="txt2" id="txt2">
                                <option value="西红柿">西红柿</option>
                                <option value="红富士">红富士</option>
                            </select></td>
                    </tr>
                    <tr bgcolor="#FFFFFF">
                        <td height="22" align="right">商品名称:</td>
                        <td height="22" align="left"><input name="txt3" type="text" id="txt3" size="30" maxlength="50"></td>
                    </tr>
                    <tr bgcolor="#FFFFFF">
                        <td height="22" align="right">会员价:</td>
                        <td height="22" align="left"><input name="txt4" type="text" id="txt4" size="10"></td>
                    </tr>
                    <tr bgcolor="#FFFFFF">
                        <td height="22" align="right">提供厂商:</td>
                        <td height="22" align="left"><input name="txt5" type="text" id="txt5" size="30" maxlength="50"></td>
                    </tr>
                    <tr bgcolor="#FFFFFF">
                        <td height="22" align="right">商品简介:</td>
                        <td height="22" align="left"><textarea name="txt6" cols="35" rows="4" id="txt6"></textarea></td>
                    </tr>
                    <tr bgcolor="#FFFFFF">
                        <td height="22" align="right">商品数量:</td>
                        <td height="22" align="left"><input name="txt7" type="text" id="txt7" size="10"></td>
                    </tr>
                    <tr bgcolor="#FFFFFF">
                        <td height="22" colspan="2" align="center"><input name="sub" type="submit" id="sub2" value="提交">
                             
                            <input type="reset" name="Submit2" value="重 置">        </td>
                    </tr>
                </form>
            </table></td>
    </tr>
</table>
<script language="javascript">
    function AllReset()
    {
        if (window.confirm("是否进行重置? "))
```

```
            return true;
        else
            return false;
    }
    function AllSubmit()
    {
        var T=true;
        var e=window.event;
        var obj=e.srcElement;
        for (var i=1;i<=7;i++)
        {
            if (eval("obj."+"txt"+i).value=="")
            {
                T=false;
                break;
            }
        }
        if (!T)
        {
            alert("提交信息不允许为空");
        }
        return T;
    }
</script>
</body>
</html>
```

运行结果如图 13-22 所示。在"商品名称"文本框中输入名称，然后单击"提交"按钮，会弹出一个信息提示框，提示用户提交的信息不允许为空，如图 13-23 所示。

图 13-22　表单提交的验证

图 13-23　提交时的信息提示框

如果信息输入有误，单击"重置"按钮，将弹出一个信息提示框，提示用户是否进行重置，如图 13-24 所示。

图 13-24　重置时的信息提示框

13.3.4 拖动相关事件

JavaScript 为用户提供的拖放事件有两类，一类是拖放对象事件，一类是放置目标事件。

1. 拖放对象事件

拖放对象事件包括 ondragstart 事件、ondrag 事件和 ondragend 事件。

- ondragstart 事件：用户开始拖动元素时触发。
- ondrag 事件：元素正在拖动时触发。
- ondragend 事件：用户完成元素拖动后触发。

注意：在对对象进行拖动时，一般都要使用 ondragend 事件，用来结束对象的拖动操作。

2. 放置目标事件

放置目标事件包括 ondragenter 事件、ondragover 事件、ondragleave 事件和 ondrop 事件。

- ondragenter 事件：当被鼠标拖动的对象进入其容器范围内时触发此事件。
- ondragover 事件：当被拖动的对象在另一对象容器范围内拖动时触发此事件。
- ondragleave 事件：当被鼠标拖动的对象离开其容器范围内时触发此事件。
- ondrop 事件：在一个拖动过程中，释放鼠标键时触发此事件。

注意：在拖动元素时，每隔 350 毫秒会触发 ondrag 事件。

【例 13-12】来回拖动文本（源代码\ch13\13.12.html）。

```
<!DOCTYPE HTML>
<html>
<head>
<title>来回拖动文本</title>
<style>
.droptarget {
    float: left;
    width: 100px;
    height: 35px;
    margin: 15px;
    padding: 10px;
    border: 1px solid #aaaaaa;
}
</style>
</head>
<body>
<p>在两个矩形框中来回拖动文本:</p>
<div class="droptarget">
    <p draggable="true" id="dragtarget">拖动我!</p>
</div>
<div class="droptarget"></div>
<p style="clear:both;">
<p id="demo"></p>
<script>
/* 拖动时触发*/
document.addEventListener("dragstart", function(event) {
    //dataTransfer.setData()方法设置数据类型和拖动的数据
    event.dataTransfer.setData("Text", event.target.id);
    //拖动 p 元素时输出一些文本
    document.getElementById("demo").innerHTML = "开始拖动文本";
    //修改拖动元素的透明度
    event.target.style.opacity = "0.4";
});
//在拖动 p 元素的同时,改变输出文本的颜色
```

```
document.addEventListener("drag", function(event) {
    document.getElementById("demo").style.color = "red";
});
//当拖完 p 元素输出一些文本元素和重置透明度
document.addEventListener("dragend", function(event) {
    document.getElementById("demo").innerHTML = "完成文本的拖动";
    event.target.style.opacity = "1";
});
/* 拖动完成后触发 */
//当 p 元素完成拖动进入 droptarget,改变 div 的边框样式
document.addEventListener("dragenter", function(event) {
    if ( event.target.className == "droptarget" ) {
        event.target.style.border = "3px dotted red";
    }
});
//默认情况下,数据/元素不能在其他元素中被拖放.对于 drop 必须防止元素的默认处理
document.addEventListener("dragover", function(event) {
    event.preventDefault();
});
//当可拖放的 p 元素离开 droptarget,重置 div 的边框样式
document.addEventListener("dragleave", function(event) {
    if ( event.target.className == "droptarget" ) {
        event.target.style.border = "";
    }
});
/*对于 drop,防止浏览器的默认处理数据(在 drop 中链接是默认打开的)
复位输出文本的颜色和 div 的边框颜色
利用 dataTransfer.getData()方法获得拖放数据
拖放的数据元素 id("drag1")
拖曳元素附加到 drop 元素*/
document.addEventListener("drop", function(event) {
    event.preventDefault();
    if ( event.target.className == "droptarget" ) {
        document.getElementById("demo").style.color = "";
        event.target.style.border = "";
        var data = event.dataTransfer.getData("Text");
        event.target.appendChild(document.getElementById(data));
    }
});
</script>
</body>
</html>
```

运行结果如图 13-25 所示。选中第一个矩形框中的文本,按住鼠标左键不放进行拖动,这时会在页面中显示"开始拖动文本"的信息提示,如图 13-26 所示。

图 13-25 拖动事件

图 13-26 开始拖动文本

拖动完成后,松开鼠标左键,页面中提示信息变为"完成文本的拖动",如图 13-27 所示。

图 13-27　完成文本的拖动

13.4　处理事件的方式

JavaScript 处理事件的常用方式包括通过匿名函数处理、通过显式声明处理、通过手工触发处理等，下面分别进行详细介绍。

13.4.1　通过匿名函数处理

匿名函数处理方式是通过 Function 对象构造匿名函数，并将其方法复制给事件，此时匿名函数就成为该事件的事件处理器。

【例 13-13】通过匿名函数处理事件（源代码\ch13\13.13.html）。

```
<!DOCTYPE HTML>
<html>
<head>
<title>通过匿名函数处理事件</title>
</head>
<body>
<center>
<br>
<p>通过匿名函数处理事件</p>
<form name=MyForm id=MyForm>
    <input type=button name=MyButton id=MyButton value="测试">
</form>
<script language="JavaScript" type="text/javascript">
document.MyForm.MyButton.onclick=new Function()
{
    alert("已经单击该按钮!");
}
</script>
</center>
</body>
</html>
```

在上面的代码中包含一个匿名函数，其具体代码如下：

```
document.MyForm.MyButton.onclick=new Function()
{
    alert("已经单击该按钮!");
}
```

运行结果如图 13-28 所示。

上述代码是将名为 MyButton 的 button 元素的 click 动作的事件处理器设置为新生成的 Function 对象的匿名实例，即匿名函数。

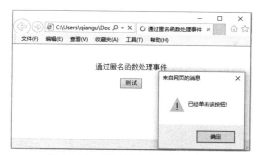

图 13-28　通过匿名函数处理事件

13.4.2　通过显式声明处理

　　在设置时间处理器时，也可以不使用匿名函数，而将该事件的处理器设置为已经存在的函数。例如，当鼠标指针移出图片区域时，可以实现图片的转换，从而扩展为多幅图片定式轮番播放的广告模式，首先在<head>和</head>标记对之间嵌套 JavaScript 脚本定义两个函数，代码如下：

```
function MyImageA()
{
    document.all.MyPic.src="fengjing1.jpg";
}
function MyImageB()
{
    document.all.MyPic.src="fengjing2.jpg";
}
```

　　再通过 JavaScript 脚本代码将<img>标记元素的 mouseover 事件的处理器设置为已定义的函数 MyImageA()，mouseout 事件的处理器设置为已定义的函数 MyImageB()，代码如下：

```
document.all.MyPic.onmouseover=MyImageA;
document.all.MyPic.onmouseout=MyImageB;
```

　　【例 13-14】使用鼠标变换图片（源代码\ch13\13.14.html）。

```
<!DOCTYPE HTML>
<html>
<head>
<title>通过使用鼠标变换图片</title>
<script language="JavaScript" type="text/javascript">
function MyImageA()
{
    document.all.MyPic.src="01.jpg";
}
function MyImageB()
{
    document.all.MyPic.src="02.jpg";
}
</script>
</head>
<body>
<center>
<p>在图片内外移动鼠标,图片轮换</p>
<img name="MyPic" id="MyPic" src="01.jpg" width=300 height=200></img>
<script language="JavaScript" type="text/javascript">
document.all.MyPic.onmouseover=MyImageA;
document.all.MyPic.onmouseout=MyImageB;
</script>
</center>
```

```
</body>
</html>
```

运行结果如图 13-29 所示。当鼠标指针在图片区域移动，图片就会发生变化，如图 13-30 所示。

图 13-29　通过显式声明处理事件

图 13-30　图片轮播

☆**大牛提醒**☆

通过显式声明的方式定义事件的处理器代码紧凑、可读性强，其对显式声明的函数没有任何限制，还可以将该函数作为其他事件的处理器。

13.4.3　通过手工触发处理

手工触发处理事件的元素很简单，即通过其他元素的方法来触发一个事件而不需要通过用户的动作来触发该事件。如果某个对象的事件有其默认的处理器，此时再设置该事件的处理器时，将可能出现意外的情况。

【例 13-15】使用手工触发方式处理事件（源代码\ch13\13.15.html）。

```
<! DOCTYPE HTML >
<html>
<head>
<title>使用手工触发的方式处理事件</title>
<script language="JavaScript" type="text/javascript">
function MyTest()
{
    var msg="通过不同的方式返回不同的结果: \n\n";
    msg+="单击【测试】按钮,即可直接提交表单\n";
    msg+="单击【确定】按钮,即可触发 onsubmit()方法,然后才提交表单\n";
    alert(msg);
}
</script>
</head>
<body>
<br>
<center>
<form name=MyForm1 id=MyForm1 onsubmit ="MyTest()" method=post action="haapyt.asp">
  <input type=button value="测试" onclick="document.all.MyForm1.submit();">
  <input type=submit value="确定">
</center>
</body>
</html>
```

运行结果如图 13-31 所示。单击"测试"按钮，即可触发表单的提交事件，并且直接将表单提交给目标页面 haapyt.asp；如果单击默认触发提交事件的"确定"按钮，则弹出信息框，如图 13-32 所示。

图 13-31　手工触发方式处理事件

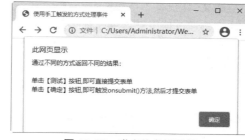

图 13-32　弹出信息提示框

此时单击"确定"按钮，即可将表单提交给目标页面 haapyt.asp，所以当事件在事实上已包含导致事件发生的方法时，该方法不会调用有问题的事件处理器，而会导致与该方法对应的行为发生。

13.5　新手疑难问题解答

问题 1：为什么定义的事件不能响应呢？

解答：首先检查定义的事件是否正确，事件调用的方式是否正确，如果这两个方面都没有问题，还需要查询事件名称是否小写，因为在 JavaScript 中指定事件处理程序时，事件名称必须小写，才能正确响应事件。

问题 2：如何区分在 JavaScript 中和 HTML5 中调用事件的处理程序？

解答：在 JavaScript 中调用事件处理程序，首先需要获取要处理对象的引用，然后将要执行的处理函数赋值给对应的事件。在 HTML5 中分配事件处理程序，只需要在 HTML5 标记中添加相应的事件，并在其中指定要执行的代码或是函数名即可。

13.6　实战训练

实战 1：制作可关闭的窗口对象。

使用 JavaScript 可以自定义对象，还可以让自己创建的对象具有事件机制，通过事件对外通信，能够极大提高开发效率。下面制作一个可关闭窗口对象。运行结果如图 13-33 所示。单击"窗体对象"按钮，即可在页面中打开一个窗口对象，单击窗口对象上的"关闭"按钮，即可关闭窗口对象，如图 13-34 所示。

图 13-33　运行结果

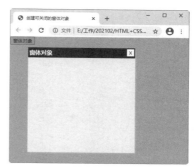

图 13-34　显示窗口对象

实战2：限制文本框的输入。

本实例通过使用键盘事件对网页的操作进行控制，即限制网页文本框的输入。运行结果如图 13-35 所示，根据提示，可以在用户注册信息页面输入注册信息，并且可以在文本框中使用键盘来移动或删除注册信息，如图 13-36 所示。

图 13-35　用户注册信息页面

图 13-36　根据提示输入注册信息

第14章

绘制网页图形

HTML5 呈现了很多的新特性，其中最值得提及的特性就是 HTML canvas，它可以对 2D 图形或位图进行动态、脚本的渲染。使用 canvas 可以绘制一个矩形区域，然后使用 JavaScript 可以控制其每一个像素，例如可以用它来画图、合成图像，或做简单的动画。本章就来介绍如何使用 HTML5 绘制图形。

14.1 <canvas>标记

<canvas>标记是一个矩形区域，它包含两个属性 width 和 height，分别表示矩形区域的宽度和高度，这两个属性都是可选的，并且都可以通过 CSS 来定义，其默认值是 300px 和 150px。语法格式如下：

```
<canvas id="myCanvas" width="300" height="150"
    style="border:1px solid blue;">
    您的浏览器不支持 canvas!
</canvas>
```

上述代码中，id 表示画布对象名称，width 和 height 分别表示宽度和高度。最初的画布是不可见的，此处为了观察这个矩形区域，使用了 CSS 样式，即 style 标记，style 表示画布的样式。如果浏览器不支持画布标记，会显示画布中间的提示信息。

14.2 绘制基本形状

使用<canvas>标记结合 JavaScript 可以绘制简单的图形，如直线、圆形、矩形等。

14.2.1 绘制矩形

使用<canvas>标记和 JavaScript 绘制矩形时，会用到多种方法，如表 14-1 所示为绘制矩形的方法。

表 14-1 绘制矩形的方法

方 法	功 能
fillRect()	绘制一个矩形，这个矩形区域没有边框，只有填充色。这个方法有 4 个参数，前两个表示左上角的坐标位置，第 3 个参数为长度，第 4 个参数为高度
strokeRect()	绘制一个带边框的矩形。该方法的 4 个参数的解释同上
clearRect()	清除一个矩形区域。被清除的区域将没有任何线条，该方法的 4 个参数的解释同上

【例 14-1】绘制矩形（源代码\ch14\14.1.html）。

```
<!DOCTYPE html>
<html>
<head>
    <title>绘制矩形</title>
</head>
<body>
<canvas id="myCanvas" width="150" height="150"
        style="border:1px solid blue">
    您的浏览器不支持 canvas!
</canvas>
<script type="text/javascript">
    var c = document.getElementById("myCanvas");
    var cxt = c.getContext("2d");
    cxt.fillStyle ="rgb(90,236,79)";
    cxt.fillRect(20,20,100,100);
</script>
</body>
</html>
```

上述代码中，定义了一个画布对象，其 id 名称为 myCanvas，高度和宽度均为 150 像素，并定义了画布边框的显示样式。运行结果如图 14-1 所示，可以看到，网页中在一个蓝色边框内显示了一个绿色矩形。

图 14-1 绘制矩形

14.2.2 绘制圆形

在画布中绘制圆形，涉及以下几个方法，如表 14-2 所示。

表 14-2 绘制圆形的方法

方　　法	功　　能
beginPath()	开始绘制路径
arc(x,y,radius,startAngle, endAngle,anticlockwise)	x 和 y 定义的是圆的原点；radius 是圆的半径；startAngle 和 endAngle 是弧度，不是度数；anticlockwise 用来定义画圆的方向，值是 true 或 false
closePath()	结束路径的绘制
fill()	进行填充
stroke()	设置边框

路径是绘制自定义图形的好方法，在 canvas 中，通过 beginPath()方法开始绘制路径，这时就可以绘制直线、曲线等，绘制完成后，调用 fill()和 stroke()完成填充和边框设置，通过 closePath()方法结束路径的绘制。

【例 14-2】绘制圆形（源代码\ch14\14.2.html）。

```
<!DOCTYPE html>
<html>
<head>
    <title>绘制圆形</title>
</head>
<body>
<canvas id="myCanvas" width="200" height="200"
        style="border:1px solid blue">
    您的浏览器不支持 canvas!
</canvas>
<script type="text/javascript">
    var c = document.getElementById("myCanvas");
    var cxt = c.getContext("2d");
    cxt.fillStyle = "#FFaa00";
    cxt.beginPath();
    cxt.arc(100,100,80,0,Math.PI*2,true);
    cxt.closePath();
    cxt.fill();
</script>
</body>
</html>
```

在上面的 JavaScript 代码中，使用 beginPath()方法开启一个路径，然后绘制一个圆形，最后关闭这个路径并填充。运行结果如图 14-2 所示。

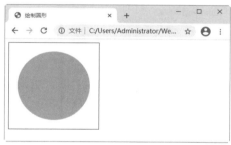

图 14-2　绘制圆形

14.2.3　绘制直线

绘制直线常用的方法是 moveTo 和 lineTo，其含义如表 14-3 所示。

表 14-3　绘制直线的方法

方法或属性	功　　能
moveTo(x,y)	不绘制，只是将当前位置移动到新目标坐标(x,y)，并作为线条的开始点
lineTo(x,y)	绘制线条到指定的目标坐标(x,y)，并且在两个坐标之间画一条直线。不管调用它们哪一个，都不会真正画出图形，因为还没有调用 stroke 和 fill 函数。当前只是在定义路径的位置，以便后面绘制时使用
strokeStyle	指定线条的颜色
lineWidth	设置线条的粗细

【例 14-3】绘制直线（源代码\ch14\14.3.html）。

```
<!DOCTYPE html>
<html>
<head>
    <title>绘制直线</title>
</head>
```

```
<body>
<canvas id="myCanvas" width="200" height="200"
        style="border:1px solid blue">
    您的浏览器不支持 canvas!
</canvas>
<script type="text/javascript">
    var c = document.getElementById("myCanvas");
    var cxt = c.getContext("2d");
    cxt.beginPath();
    cxt.strokeStyle = "rgb(0,182,0)";
    cxt.moveTo(8,30);
    cxt.lineTo(150,30);
    cxt.lineTo(30,180);
    cxt.lineWidth=14;
    cxt.stroke();
    cxt.closePath();
</script>
</body>
</html>
```

运行结果如图 14-3 所示，可以看到，网页中绘制了两条直线，这两条直线在某一点交叉。

图 14-3　绘制直线

14.2.4　绘制贝济埃曲线

贝济埃曲线是计算机图形学中相当重要的参数曲线。使用 bezierCurveTo()方法可以绘制贝济埃曲线，曲线的开始点是画布的当前点，结束点是(x,y)。两条贝济埃曲线的控制点(cpX1,cpY1)和(cpX2,cpY2)定义了曲线的形状。语法格式如下：

```
bezierCurveTo(cpX1, cpY1, cpX2, cpY2, x, y)
```

其参数的含义如表 14-4 所示。

表 14-4　绘制贝济埃曲线的参数

参　　数	描　　述
cpX1, cpY1	与曲线的开始点（当前位置）相关联的控制点的坐标
cpX2, cpY2	与曲线的结束点相关联的控制点的坐标
x, y	曲线的结束点的坐标

【例 14-4】绘制贝济埃曲线（源代码\ch14\14.4.html）。

```
<!DOCTYPE html>
<html>
<head>
<title>贝济埃曲线</title>
<script>
function draw(id)
```

```
{
    var canvas = document.getElementById(id);
    if(canvas==null)
        return false;
    var context = canvas.getContext('2d');
    context.fillStyle = "#eeeeff";
    context.fillRect(0,0,400,300);
    var n = 0;
    var dx = 150;
    var dy = 150;
    var s = 100;
    context.beginPath();
    context.globalCompositeOperation = 'and';
    context.fillStyle = 'rgb(100,255,100)';
    context.strokeStyle = 'rgb(0,0,100)';
    var x = Math.sin(0);
    var y = Math.cos(0);
    var dig = Math.PI/15*11;
    for(var i=0; i<30; i++)
    {
        var x = Math.sin(i*dig);
        var y = Math.cos(i*dig);
        context.bezierCurveTo(
            dx+x*s,dy+y*s-100,dx+x*s+100,dy+y*s,dx+x*s,dy+y*s);
    }
    context.closePath();
    context.fill();
    context.stroke();
    }
</script>
</head>
<body onload="draw('canvas');">
<h1>绘制贝济埃曲线</h1>
<canvas id="canvas" width="400" height="300" />
    您的浏览器不支持 canvas!
</canvas>
</body>
</html>
```

运行结果如图 14-4 所示，可以看到，网页中显示了一条贝济埃曲线。

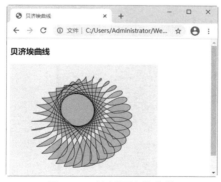

图 14-4　绘制贝济埃曲线

14.3　绘制变形图形

画布 canvas 不但可以使用 moveTo 这样的方法来移动画笔，绘制图形和线条，还可以使用变换来调整画笔下的画布，变换的方法包括平移、缩放和旋转等。

14.3.1 绘制平移效果的图形

如果要对图形实现平移，需要使用 translate(x,y)方法，该方法表示在平面上平移，即以原来原点为参考，然后以偏移后的位置作为坐标原点。例如，原来在(100,100)，然后 translate(1,1)，那么新的坐标原点在(101,101)，而不是(1,1)。

【例 14-5】绘制平移的圆形（源代码\ch14\14.5.html）。

```
<!doctype html>
<html>
<head>
    <meta charset="utf-8">
    <title>前进的圆形</title>
    <style>
        .mr-cont{
            height: 300px;
            width: 400px;
            margin: 0 auto;
        }
        #cav{
            background:rgba(235,18,241,0.2);
            border: 1px solid #f00;
        }
    </style>
</head>
<body onLoad="move1();">
<div class="mr-cont">
    <canvas id="cav" height="300" width="400"></canvas>
</div>
</body>
<script>
    var cav=document.getElementById("cav").getContext("2d");
    function move1(){setInterval(function rightop(){
        var style = ['#f00', '#ff0', '#f0f', 'rgb(132,50,247)', 'rgb(34,236,182)',
'rgb(147,239,115)'];
        var i = Math.round(Math.random() * 6);
        cav.clearRect(0,0,800,800);
        cav.beginPath();
        cav.fillStyle=style[i];
        cav.translate(1,0);
        cav.arc(180,180,30,0,Math.PI*2,true);
        cav.fill();
    },50)
    }
</script>
</html>
```

运行结果如图 14-5 所示，圆形以闪烁的方式从左向右平移移动。

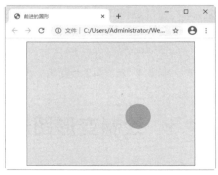

图 14-5　绘制平移效果的图形

14.3.2　绘制缩放效果的图形

图形缩放效果主要通过 scale()方法来实现，语法格式如下：

```
scale(x,y)
```

主要参数介绍如下：

- x：水平方向的放大倍数，取值范围当 0<x<1 时为缩小，当 x>1 时为放大。
- y：垂直方向的放大倍数，取值范围当 0<y<1 时为缩小，当 y>1 时为放大。

【例 14-6】绘制会"长大"的小树苗（源代码\ch14\14.6.html）。

```html
<!DOCTYPE html>
<html>
<head>
    <meta charset="utf-8">
    <title>绘制图形缩放</title>
    <style>
        .mr-cont {
            width: 800px;
            position: relative;
            text-align: center;
            margin: 0 auto;
            border: 1px solid #f00;
            position: relative;
        }
        input {
            position: absolute;
            top: 470px;
            left:355px;
            height: 35px;
            width: 90px;
            font-size: 16px;
            background: rgba(72,241,233,1.00);
            border: 1px solid rgba(72,241,233,1.00);
            border-radius: 5px;
        }
    </style>
</head>
<body>
<div class="mr-cont">
    <canvas id="cav" height="600" width="800"></canvas>
    <input type="button" value="快点长大" onClick="big()">
</div>
<script>
    var ctx = document.getElementById("cav")
    var cav = ctx.getContext("2d");
    //中心平移至画布中心
    cav.translate(ctx.width / 2, ctx.height / 2);
    function big() {
        //清除一块矩形
        cav.clearRect(-25, -25, 50, 50);
        var img = new Image();
        img.src = "images/shu.jpg";          //绘制图像的路径
        img.onload = function () {
            //图像的起点坐标为（-25,-25），宽高都为 50 像素
            cav.drawImage(img, -25, -25, 50, 50);
        }
        cav.scale(1.05, 1.05);                //横向和纵向都放大 1.05 倍
    }
```

```
</script>
</body>
</html>
```

运行结果如图 14-6 所示，单击"快点长大"按钮，小树苗就会慢慢长大。

图 14-6　绘制缩放效果的图形

14.3.3　绘制旋转效果的图形

图形旋转效果主要通过 rotate()方法来实现，语法格式如下：

```
rotate(angle)
```

angle 表示指定旋转的角度，旋转的中心点是坐标轴的原点。默认按顺时针方向旋转，要想按逆时针方向旋转，只需将 angle 设定为负数就可以了。

【例 14-7】绘制会旋转的风车（源代码\ch14\14.7.html）。

```
<!DOCTYPE html>
<html>
<head>
    <meta charset="utf-8">
    <title>绘制旋转效果</title>
    <style>
        .mr-cont{
            height: 300px;
            width: 400px;
            margin: 0 auto;
            position: relative;
            border: 1px solid #f00;
        }
        img{
            position: absolute;
            top:200px;;
            left: 194px;
            z-index: 1000;
        }
        [type="button"]{
            position: absolute;
            top:260px;
            left: 175px;
            height: 30px;
            width: 50px;
            border-radius: 15px;
```

```
            background: rgba(122,243,132,1.00);
            border: none;
        }
    </style>
</head>
<body>
<div class="mr-cont">
    <canvas id="cav" height="300" width="400"></canvas>
    <input type="button" value="fly" onClick="setInterval(go,1)">
</div>
</body>
<script>
    var cav=document.getElementById("cav").getContext("2d");
    var img=new Image();
    img.src="images/fengche.jpg";
    img.onload=function(){
        cav.drawImage(img,-80,-80,150,150);
    };
    cav.translate(200,120);
    function go(){
        cav.clearRect(-80,-80,150,150);
        cav.rotate(-10/(Math.PI*2));
        var img=new Image();
        img.src="images/fengche.jpg";
        img.onload=function(){
            cav.drawImage(img,-80,-80,150,150);
        }
    }
</script>
</html>
```

运行结果如图 14-7 所示，在显示页面中风车以中心弧度为原点进行旋转。

图 14-7　绘制旋转图形

14.3.4　绘制带阴影效果的图形

在画布 canvas 上绘制带有阴影效果的图形也非常简单，只需要设置 shadowOffsetX、shadowOffsetY、shadowBlur 和 shadowColor 几个属性即可。属性 shadowColor 表示阴影的颜色，其值与 CSS 颜色值一致。shadowBlur 表示设置阴影模糊程度，此值越大，阴影越模糊。shadowOffsetX 和 shadowOffsetY 属性表示阴影的 x 和 y 偏移量，单位是像素。

【例 14-8】绘制带阴影的图形（源代码\ch14\14.8.html）。

```
<!DOCTYPE html>
<html>
```

```
<head>
    <title>绘制阴影效果图形</title>
</head>
<body>
<canvas id="my_canvas" width="200" height="200"
        style="border:1px solid #ff0000">
    您的浏览器不支持 canvas!
</canvas>
<script type="text/javascript">
    var elem = document.getElementById("my_canvas");
    if (elem && elem.getContext) {
        var context = elem.getContext("2d");
        //shadowOffsetX 和 shadowOffsetY: 阴影的 x 和 y 偏移量,单位是像素
        context.shadowOffsetX = 15;
        context.shadowOffsetY = 15;
        //shadowBlur: 设置阴影模糊程度.此值越大,阴影越模糊.
        //其效果与 Photoshop 的高斯模糊滤镜相同
        context.shadowBlur = 10;
        //shadowColor: 阴影颜色.其值与 CSS 颜色值一致.
        //context.shadowColor = 'rgba(255, 0, 0, 0.5)'; 或下面的十六进制表示法
        context.shadowColor = '#f00';
        context.fillStyle = '#00f';
        context.fillRect(20, 20, 150, 100);
    }
</script>
</body>
</html>
```

运行结果如图 14-8 所示，在显示页面中显示了一个蓝色矩形，其阴影为红色矩形。

图 14-8　绘制带阴影的图形

14.4　绘制文字

在画布中绘制文字与操作其他路径对象的方式相同，可以描绘文本轮廓和填充文本内部，同时所有能够应用于其他图形的变换和样式都能用于文本。

绘制文本的方法及其含义如表 14-5 所示。

表 14-5　绘制文本的方法

方　　法	说　　明
fillText(text,x,y,maxwidth)	绘制带 fillStyle 填充的文字，拥有文本参数以及用于指定文本位置的坐标的参数。maxwidth 是可选参数，用于限制字体大小，它会将文本字体强制收缩到指定尺寸
trokeText(text,x,y,maxwidth)	绘制只有 strokeStyle 边框的文字，其参数含义与上一个方法相同
measureText	该函数会返回一个度量对象，它包含了在当前 context 环境下指定文本的实际显示宽度

14.4.1　绘制轮廓文字

使用 trokeText(text,x,y,maxwidth)方法可以绘制轮廓文字，语法格式如下：

```
trokeText(text,x,y,maxwidth)
```

主要参数介绍如下：

- text：表示要绘制的文字。
- x：表示要绘制文字的起点横坐标。
- y：表示要绘制文字的起点纵坐标。
- maxwidth：可选参数，表示显示文字时的最大宽度，可以防止文字溢出。

【例 14-9】绘制轮廓文字，动态显示当前时间（源代码\ch14\14.9.html）。

```
<!DOCTYPE html>
<html>
<head>
    <meta charset="utf-8">
    <title>绘制轮廓文字</title>
    <style>
        .mr-cont{
            height: 600px;
            width: 800px;
            margin: 0 auto;
            border: 1px solid #f00;
        }
    </style>
</head>
<body onLoad="setInterval(datee,1000)">
<div class="mr-cont">
    <canvas id="cav" height="600" width="800"></canvas>
</div>
</body>
<script>
    var cav = document.getElementById("cav").getContext("2d");
    function datee() {//获取时间
        var date1 = new Date();
        var year1 = date1.getFullYear();
        var month1 = date1.getMonth() + 1;
        var dat1 = date1.getUTCDate();
        var hour1 = date1.getHours();
        var min = date1.getMinutes();
        var sec = date1.getSeconds();
        var day1 = date1.getDay();
        var dayy = "";
        if ((min < 9) && (min = 9)) {
            min = "0" + min;
        }
        if ((sec < 9) && (sec = 9)) {
            sec = "0" + sec;
        }
        switch (day1) {
            case 0: dayy = "星期天";    break;
            case 1: dayy = "星期一";    break;
            case 2: dayy = "星期二";    break;
            case 3: dayy = "星期三";    break;
            case 4: dayy = "星期四";    break;
            case 5: dayy = "星期五";    break;
            case 6: dayy = "星期六";    break;
```

```
            default:alert("请刷新页面");    break;
        }
        var txt1 = year1 + " 年 " + month1 + " 月" + dat1 + " 日 ";
        var txt2 = hour1 + " : " + min + " : " + sec + " " + dayy;
        drew(txt1, txt2)
    }
    function drew(txt1, txt2) {
        cav.strokeStyle = "#f0f";
        cav.font = "40px 华文中魏";
        cav.clearRect(0, 0, 800, 600);
        cav.strokeText(txt1,230, 200);
        cav.stroke();
        cav.strokeText(txt2, 230, 300);
        cav.stroke();
    }
</script>
</html>
```

运行结果如图 14-9 所示。

图 14-9　绘制轮廓文字

14.4.2　绘制填充文字

使用 fillText (text,x,y,maxwidth)方法可以绘制填充文字，语法格式如下：

```
fillText(text,x,y,maxwidth)
```

主要参数含义与绘制轮廓文字 trokeText()方法参数含义相同。另外，为了保证文本在各浏览器中都能正常显示，在绘制填充文字时还需要以下字体属性。

- font：可以是 CSS 字体规则中的任何值。包括字体样式、字体变种、字体大小与粗细、行高和字体名称。
- textAlign：控制文本的对齐方式。它类似于（但不完全等同于）CSS 中的 text-align，可能的取值为 start、end、left、right 和 center。
- textBaseline：控制文本相对于起点的位置。可以取值为 top、hanging、middle、alphabetic、ideographic 和 bottom。对于简单的英文字母，可以放心地使用 top、middle 或 bottom 作为文本基线。

【例 14-10】绘制填充文字，显示钟表（源代码\ch14\14.9.html）。

```
<!doctype html>
<html>
<head>
    <meta charset="utf-8">
    <title>绘制填充文字</title>
    <style>
        .mr-cont{
```

```
        height: 540px;
        width: 540px;
        margin: 0 auto;
        background: url(images/bg.jpg);
    }
    #cav{
        border: 1px solid #f00;
    }
    </style>
</head>
<body onLoad="setInterval(datee,1000)">
<div class="mr-cont">
    <canvas id="cav" height="600" width="800"></canvas>
</div>
</body>
<script>
    var cav = document.getElementById("cav").getContext("2d");
    var text = [10,11, 12,1, 2, 3, 4, 5, 6, 7, 8, 9]
    var temp = 3 * Math.PI / 18;              //旋转弧度
    cav.textAlign = 'center';                 //文本水平对齐方式
    cav.textBaseline = 'middle';              //文本垂直方向,基线位置
    cav.font = "50px 黑体";                    //字体和字号
    cav.fillStyle = "rgb(238,12,57)";         //字体颜色
    for (var i = 0; i < text.length; i++) {
        var x = Math.cos(temp * (i + 7)) * 180;
        var y = Math.sin(temp * (i + 7)) * 180;
        cav.fill();
        cav.fillText(text[i], x + 270, y + 270);
    }
</script>
</html>
```

运行结果如图 14-10 所示。

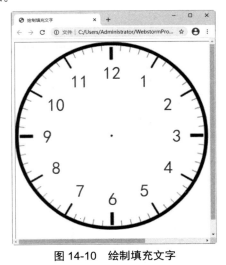

图 14-10　绘制填充文字

14.5　新手疑难问题解答

问题 1： canvas 的宽度和高度是否可以在 CSS 属性中定义？

解答：添加<canvas>标记的时候，会在 canvas 的属性中填写要初始化的 canvas 的高度和宽度，代码如下：

```
<canvas width="500" height="400">Not Supported!</canvas>
```

如果把高度和宽度写在了 CSS 里面，会发现在绘图的时候坐标获取出现差异，canvas.width 和 canvas.height 分别是 300 和 150，与预期的不一样，这是因为 canvas 要求这两个属性必须随<canvas>标记一起出现。

问题 2：画布中 Stroke 和 Fill 有什么区别？

解答：HTML5 中，将图形分为两大类：第一类称作 Stroke，就是轮廓、勾勒或者线条，即图形是由线条组成的；第二类称作 Fill，即填充区域。上下文对象中有两个绘制矩形的方法，可以帮助我们很好地理解这两大类图形的区别：一个是 strokeRect，另一个是 fillRect。

14.6 实战训练

实战 1：绘制动态页面时钟。

使用 JavaScript 的技术和 HTML5 中新增的画布 canvas 可以轻松制作动态页面时钟特效。在画布上绘制时钟，需要绘制表盘、时针、分针、秒针和中心圆等图形，然后将这几个图形组合起来，构成一个时钟界面，最后使用 JavaScript 代码，根据时间确定秒针、分针和时针。运行结果如图 14-11 所示，可以看到页面中出现了一个时钟，其秒针在不停地移动。

实战 2：绘制动态闪动线条。

JavaScript 的功能非常强大，下面利用 canvas 元素、上下文对象以及 setInterval()方法绘制动态线条，线条的颜色随机设置。运行结果如图 14-12 所示。

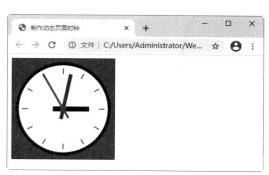

图 14-11　绘制时钟

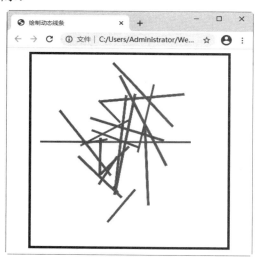

图 14-12　绘制动态线条

第15章

文件与拖放

在 HTML5 中，新增了两个与表单元素相关的 API，一个是文件 API，一个是拖放 API。通过文件 API，可以从 Web 页面上访问本地文件系统或服务器端文件系统；通过拖放 API，可以拖动元素并将其放置到浏览器中的任何功能上。本章就来介绍 HTML5 中的文件与拖放功能。

15.1 选择文件

在 HTML5 中，可以创建一个 file 类型的<input>元素实现文件的上传功能，只是在 HTML5 中，该类型的<input>元素新添加了一个 multiple 属性，如果将属性的值设置为 true，则可以在一个元素中实现多个文件的上传。

15.1.1 选择单个文件

在 HTML5 中，当需要创建一个 file 类型的<input>元素上传文件时，可以定义只选择一个文件。
【例 15-1】通过 file 对象选择单个文件（源代码\ch15\15.1.html）。

```
<!DOCTYPE html>
<html>
<head>
    <title>文件</title>
</head>
<body>
<form>
    <h3>请选择文件：</h3>
    </p><input type="file" id="fileload" /></p>  <!-单个文件进行上传-->
</form>
</body>
</html>
```

运行结果如图 15-1 所示。单击"选择文件"按钮，打开"打开"对话框，在对话框中只能选择一个文件上传，如图 15-2 所示。

图 15-1 预览效果

图 15-2 只能选择一个文件上传

15.1.2　选择多个文件

在 HTML5 中，通过添加 multiple 属性，在 file 控件内允许一次放置多个文件，实现选择多个文件的功能。

【例 15-2】通过 file 对象选择多个文件（源代码\ch15\15.2.html）。

```
<!DOCTYPE html>
<html>
<head>
    <title>文件</title>
</head>
<body>
<form>
    <h3>请选择文件: </h3>
    </p><input type="file" multiple="multiple" /></p>  <!-多个文件进行上传-->
</form>
</body>
</html>
```

运行结果如图 15-3 所示。单击"选择文件"按钮，打开"打开"对话框，在对话框中可以选择多个文件上传，如图 15-4 所示。

图 15-3　预览效果

图 15-4　选择多个文件上传

15.2　读取文件

通过 FileReader 接口可以将文件读入内存，并且读取文件中的数据。FileReader 接口提供了一个异步 API，使用该 API 可以在浏览器主线程中异步访问文件系统，读取文件中的数据。

15.2.1　检测浏览器是否支持 FileReader 接口

到目前为止，并不是所有浏览器都实现了 FileReader 接口。这里提供一种方法可以检查您的浏览器是否对 FileReader 接口提供支持，具体代码如下：

```
if(typeof FileReader == 'undefined'){
    result.InnerHTML="<p>你的浏览器不支持 FileReader 接口! </p>";
    //使选择控件不可操作
    file.setAttribute("disabled","disabled");
}
```

15.2.2 FileReader 接口的方法

FileReader 接口有 4 个方法，其中 3 个用来读取文件，另一个用来中断读取。无论读取成功或失败，方法并不会返回读取结果，这一结果存储在 result 属性中。FileReader 接口的方法及说明如表 15-1 所示。

表 15-1 FileReader 接口的方法及说明

方 法 名	参 数	说 明
readAsText()	File，[encoding]	将文件以文本方式读取，读取的结果即为这个文本文件中的内容
readAsBinaryString()	File	这个方法将文件读取为二进制字符串，通常我们将它送到后端，后端可以通过这段字符串存储文件
readAsDataURL()	File	该方法将文件读取为一串 Data URL 字符串，该方法事实上是将小文件以一种特殊格式的 URL 地址形式直接读入页面。这里的小文件通常是指图像与 html 等格式的文件
Abort()	(none)	终端读取操作

15.2.3 使用 readAsDataURL()方法预览图片

通过 FileReader 接口中的 readAsDataURL()方法可以获取 API 异步读取的文件数据，另存为数据 URL，将该 URL 绑定<img>元素的 src 属性值，就可以实现图片文件预览的效果。如果读取的不是图片文件，将给出相应的提示信息。

【例 15-3】使用 readAsDataURL()方法预览图片（源代码\ch15\15.3.html）。

```html
<!DOCTYPE html>
<html>
<head>
<title>使用 readAsDataURL()方法预览图片</title>
</head>
<body>
<script type="text/javascript">
   var result=document.getElementById("result");
   var file=document.getElementById("file");

   //判断浏览器是否支持 FileReader 接口
   if(typeof FileReader == 'undefined'){
      result.InnerHTML="<p>你的浏览器不支持 FileReader 接口！</p>";
      //使选择控件不可操作
      file.setAttribute("disabled","disabled");
   }

   function readAsDataURL(){
      //检验是否为图像文件
      var file = document.getElementById("file").files[0];
      if(!/image\/\w+/.test(file.type)){
         alert("这个不是图片文件,请重新选择！");
         return false;
      }
      var reader = new FileReader();
      //将文件以 Data URL 形式读入页面
      reader.readAsDataURL(file);
      reader.onload=function(e){
         var result=document.getElementById("result");
         //显示文件
         result.innerHTML='<img src="' + this.result +'" alt="" />';
      }
   }
```

```
    </script>
    <p>
        <label>请选择一个文件: </label>
        <input type="file" id="file" />
        <input type="button" value="读取图像" onclick="readAsDataURL()" />
    </p>
    <div id="result" name="result"></div>
    </body>
    </html>
```

运行结果如图 15-5 所示。单击"选择文件"按钮，打开"打开"对话框，在对话框中选择需要预览的图片文件，选择完毕后，单击"打开"按钮，如图 15-6 所示。

图 15-5　预览效果

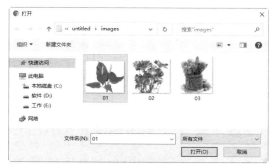

图 15-6　选择要预览的图片

返回浏览器窗口，单击"读取图像"按钮，即可在页面的下方显示添加的图片，如图 15-7 所示。

如果在"打开"对话框中选择的不是图片文件，在浏览器窗口中单击"读取图像"按钮后，就会给出相应的提示信息，如图 15-8 所示。

图 15-7　显示图片

图 15-8　显示信息提示框

15.2.4　使用 readAsText()方法读取文本文件

使用 FileReader 接口中的 readAsText()方法可以将文件以文本编码的方式进行读取，即可以读取上传文本文件的内容，其实现的方法与读取图片基本相似，只是读取文件的方式不一样。

【例 15-4】使用 readAsText()方法读取文本文件（源代码\ch15\15.4.html）。

```
<!DOCTYPE html>
<html>
<head>
<title>使用 readAsText()方法读取文本文件</title>
</head>
<body>
```

```
<script type="text/javascript">
var result=document.getElementById("result");
var file=document.getElementById("file");

//判断浏览器是否支持 FileReader 接口
if(typeof FileReader == 'undefined'){
    result.InnerHTML="<p>你的浏览器不支持 FileReader 接口！</p>";
    //使选择控件不可操作
    file.setAttribute("disabled","disabled");
}
function readAsText(){
    var file = document.getElementById("file").files[0];
    var reader = new FileReader();
    //将文件以文本形式读入页面
    reader.readAsText(file,"GB2312");
    reader.onload=function(f){
        var result=document.getElementById("result");
        //显示文件
        result.innerHTML=this.result;
    }
}
</script>
<p>
    <label>请选择一个文件：</label>
    <input type="file" id="file" />
    <input type="button" value="读取文本文件" onclick="readAsText()" />
</p>
<div id="result" name="result"></div>
</body>
</html>
```

运行结果如图 15-9 所示。单击"选择文件"按钮，打开"打开"对话框，在对话框中选择需要读取的文件，选择完毕后，单击"打开"按钮，如图 15-10 所示。

图 15-9　预览效果

图 15-10　选择要读取的文本文件

返回浏览器窗口，单击"读取文本文件"按钮，即可在页面的下方读取文本文件中的信息，如图 15-11 所示。

图 15-11　读取文本信息

15.3 拖放文件

利用 HTML 新增加的 drag 和 drop 事件，可以实现文件的拖放功能。

15.3.1 拖放页面元素

在 HTML5 中，要想实现拖放操作，至少要经过以下两个步骤：

步骤 1：将要拖放的对象元素的 draggable 属性设置为 ture（draggable="true"），这样才能对该元素进行拖放。另外，img 元素与 a 元素必须指定 href，默认为允许拖放。

步骤 2：编写与拖放相关的事件处理代码。

关于拖放的几个事件如表 15-2 所示。

表 15-2 拖放事件及其说明

事 件	产生事件的元素	说 明
dragstart	被拖放的元素	开始拖放操作
drag	被拖放的元素	拖放过程中
dragenter	拖放过程中鼠标指针经过的元素	被拖放的元素开始进入本元素的范围内
dragover	拖放过程中鼠标指针经过的元素	被拖放的元素正在本元素内移动
dragleave	拖放过程中鼠标指针经过的元素	被拖放的元素离开本元素的范围内
drop	拖放的目标元素	有其他元素被拖放到了本元素中
dragend	拖放的对象元素	拖动操作结束

下面给出一个简单的拖放实例，将一张图片拖放到一个矩形中。

【例 15-5】将图片拖放至矩形中（源代码\ch15\15.5.html）。

```html
<!DOCTYPE HTML>
<html>
<head>
    <meta charset="UTF-8">
    <title>拖放图片</title>
    <style type="text/css">
        #div1 {width:200px;height:200px;padding:10px;border:1px solid #aaaaaa;}
    </style>
    <script type="text/javascript">
        function allowDrop(ev)
        {
            ev.preventDefault();
        }
        function drag(ev)
        {
            ev.dataTransfer.setData("Text",ev.target.id);
        }
        function drop(ev)
        {
            ev.preventDefault();
            var data=ev.dataTransfer.getData("Text");
            ev.target.appendChild(document.getElementById(data));
        }
    </script>
</head>
```

```
<body>
<p>请把图片拖放到矩形中：</p>
<div id="div1" ondrop="drop(event)" ondragover="allowDrop(event)"></div>
<img id="drag1" src="images/01.jpg" draggable="true" ondragstart="drag(event)" />
</body>
</html>
```

运行结果如图 15-12 所示。可以看到当选中图片后，在不释放鼠标的情况下，可以将图片拖放到矩形框中，如图 15-13 所示。

图 15-12　预览效果

图 15-13　拖放图片到矩形框中

15.3.2　dataTransfer 属性

源对象和目标对象间的数据传递可以使用全局变量来完成，但这里介绍一个更好的方法，即使用拖放事件的 dataTransfer 属性来实现。

源对象保存数据的代码：

```
source.onxxx=function(e){
    e.dataTransfer.setData('key','value');
};
```

目标对象接收数据的代码：

```
target.onxxx=function(e){
    e.dataTransfer.getData('key');
}
```

下面再给出一个具体实例，实现在网页中来回拖放图片的操作。

【例 15-6】在网页中来回拖放图片（源代码\ch15\15.6.html）。

```
<!DOCTYPE HTML>
<html>
<head>
    <meta charset="UTF-8">
    <title>来回拖放图片</title>
    <style type="text/css">
        #div1, #div2
        {float:left; width:200px; height:200px; margin:10px;padding:10px;border:1px
solid #aaaaaa;}
    </style>
    <script type="text/javascript">
        function allowDrop(ev)
        {
            ev.preventDefault();
```

HTML5+CSS3+JavaScript 入门很轻松

```
        }
        function drag(ev)
        {
            ev.dataTransfer.setData("Text",ev.target.id);
        }
        function drop(ev)
        {
            ev.preventDefault();
            var data=ev.dataTransfer.getData("Text");
            ev.target.appendChild(document.getElementById(data));
        }
    </script>
</head>
<body>
<p>来回拖动图片：</p>
<div id="div1" ondrop="drop(event)" ondragover="allowDrop(event)">
    <img src="images/01.jpg" draggable="true" ondragstart="drag(event)" id="drag1" />
</div>
<div id="div2" ondrop="drop(event)" ondragover="allowDrop(event)"></div>
</body>
</html>
```

运行结果如图 15-14 所示。选中网页中的图片，即可在两个矩形中来回拖放，如图 15-15 所示。

图 15-14　预览效果

图 15-15　来回拖动图片的显示效果

15.3.3　在网页中拖放文字

在了解了 HTML5 的拖放技术后，下面给出一个具体实例，实现在网页中拖放文字的操作。

【例 15-7】在网页中拖放文字（源代码\ch15\15.7.html）。

```
<!DOCTYPE HTML>
<html>
<head>
    <title>拖放文字</title>
    <style>
        body {
            font-family: 'Microsoft YaHei';
        }
        div.drag {
            background-color:#AACCFF;
            border:1px solid #666666;
            cursor:move;
            height:100px;
            width:100px;
            margin:10px;
            float:left;
        }
```

```
            div.drop {
                background-color:#EEEEEE;
                border:1px solid #666666;
                cursor: pointer;
                height:150px;
                width:150px;
                margin:10px;
                float:left;
            }
        </style>
    </head>
    <body>
    <div draggable="true" class="drag"
        ondragstart="dragStartHandler(event)">空山新雨后,天气晚来秋.</div>
    <div class="drop"
        ondragenter="dragEnterHandler(event)"
        ondragover="dragOverHandler(event)"
        ondrop="dropHandler(event)">拖到这里!<ol /></div>
    <script>
        var internalDNDType = 'text';
        function dragStartHandler(event) {
            event.dataTransfer.setData(internalDNDType,
                event.target.textContent);
            event.effectAllowed = 'move';
        }
        //dragEnter 事件
        function dragEnterHandler(event) {
            if (event.dataTransfer.types.contains(internalDNDType))
                if (event.preventDefault) event.preventDefault();}
        //dragOver 事件
        function dragOverHandler(event) {
            event.dataTransfer.dropEffect = 'copy';
            if (event.preventDefault) event.preventDefault();
        }
        function dropHandler(event) {
            var data = event.dataTransfer.getData(internalDNDType);
            var li = document.createElement('li');
            li.textContent = data;
            event.target.lastChild.appendChild(li);
        }
    </script>
    </body>
    </html>
```

运行结果如图 15-16 所示。选中左边矩形中的元素,将其拖到右边的方框中,如图 15-17 所示。

图 15-16　预览效果

图 15-17　选中要拖放的文字

释放鼠标,可以看到拖放之后的效果,如图 15-18 所示。还可以多次拖放文字元素,效果如图 15-19 所示。

图 15-18   拖放一次

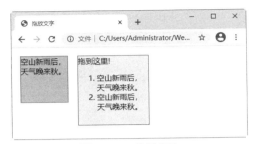

图 15-19   拖放多次

15.4   新手疑难问题解答

问题 1：在 HTML5 中，实现拖放效果的方法是唯一的吗？

解答：在 HTML5 中，实现拖放效果的方法并不是唯一的。除了可以使用事件 drag 和 drop 外，还可以利用<canvas>标记来实现。

问题 2：在 HTML5 中，读取记事本文件中的中文内容时显示乱码怎么办？

解答：如果读取文件内容显示乱码，如图 15-20 所示，是由于在读取文件时没有设置读取的编码方式，代码如下：

```
reader.readAsText(file);
```

图 15-20   读取文件内容时显示乱码

此时只要设置读取的编码方式，文件的内容即可正常显示，如果是中文内容，代码修改如下：

```
reader.readAsText(file,"gb2312");
```

15.5   实战训练

实战 1：制作一个商品选择器。

运用所学知识制作一个商品选择器。运行结果如图 15-21 所示。拖放商品的图片到右侧的框中，将提示信息"商品已被成功选取了！"，如图 15-22 所示。

实战 2：制作一个图片上传预览器。

运用所学知识制作一个图片上传预览器。运行结果如图 15-23 所示。单击"选择文件"按钮，然后在打开的对话框中选择需要上传的图片，接着单击"上传文件"按钮和"显示图片"按钮，即可查看新上传的图片效果，重复操作，可以上传多张图片，如图 15-24 所示。

图 15-21　商品选择器预览效果

图 15-22　显示提示信息

图 15-23　多张图片上传预览器预览效果

图 15-24　上传多张图片的显示效果

第16章

响应式网页组件

响应式网页设计是目前非常流行的一种页面布局方式,它的主要优势是一套网页代码可以智能地根据用户行为以及不同的设备(台式电脑、平板电脑或智能手机)让内容适应性展示,可以说响应式的布局是大势所趋,现在越来越多的网站开始采用响应式的布局方案。本章就来介绍响应式网页设计的原理以及响应式网页组件的应用。

16.1 响应式网页设计概述

随着移动用户量日趋增多,智能手机和平板电脑等移动上网已经非常流行,但普通开发的计算机端的网站在移动端浏览时页面内容会变形,从而影响预览效果。为解决这个问题,响应式网页设计就应运而生了。

16.1.1 什么是响应式网页设计

响应式设计针对 PC、iPhone、Android 和 iPad 等设备,实现了在智能手机和平板电脑等多种智能移动终端浏览器也能正常浏览网页,为防止页面变形,页面能够自动切换分辨率、图片尺寸及实现相关脚本功能等,以适应不同设备,并且可以在不同浏览终端进行网站数据的同步更新,能够为不同终端的用户提供更加舒适的界面观感和更好的使用体验。

例如京东商城的官网,通过计算机端访问该网站主页时,预览效果如图 16-1 所示。通过手机端访问该网站主页时,预览效果如图 16-2 所示。

图 16-1　计算机端浏览主页效果

图 16-2　手机端浏览主页效果

16.1.2　响应式网页设计原理

响应式网页设计的技术原理如下：

- 通过<meta>标记来实现。该标记可以对页面格式、内容、关键字和刷新页面等进行操作，从而帮助浏览器精准地显示网页的内容。
- 通过媒体查询适配对应的样式。通过不同的媒体类型和条件定义样式表规则，获取的值可以设置设备的手持方向（水平方向还是垂直方向）和设备的分辨率等。
- 通过第三方框架来实现。例如目前比较流行的 Boostrap 框架，可以更高效地实现网页的响应式设计。

☆**大牛提醒**☆

Boostrap 框架是基于 HTML5 和 CSS3 开发的响应式前端框架，包含了丰富的网页组件，如下拉菜单、按钮组件、下拉菜单组件和导航组件等，利用这些组件可以轻松实现响应式网页的设计。

16.1.3　像素和屏幕分辨率

在响应式设计中，像素是一个非常重要的概念。像素的全称是图像元素，表示数字图像中的一个最小单位。像素是尺寸单位，而不是画质单位。对一个数字图片放大数倍，会发现图像是由许多色彩相近的小方点所组成的，每个小方点就是一个像素点，如图 16-3 所示。

屏幕分辨率是指纵横方向上的像素个数。屏幕分辨率决定计算机屏幕上显示信息的多少，以水平和垂直像素来衡量。就相同大小的屏幕而言，当屏幕分辨率低时（如 640×480），在屏幕上显示的像素少，单个像素尺寸比较大；屏幕分辨率高时（如 1600×1200），在屏幕上显示的像素多，单个像素尺寸比较小。例如，用户可以在计算机端的"设置"对话框中设置屏幕的显示分辨率，如图 16-4 所示。

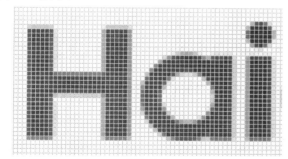

图 16-3　图片放大显示效果

图 16-4　设置屏幕的显示分辨率

显示分辨率就是屏幕上显示的像素个数，分辨率 160×128 的意思是水平方向的像素数为 160 个，垂直方向的像素数为 128 个。屏幕尺寸相同的情况下，分辨率越高，显示效果就越精细和细腻。

在设计网页元素的属性时，通常是通过 width 属性的大小来设置宽度的。当不同的设备显示同一个设定的宽度时，显示的宽度是多少像素呢？要解决这个问题，需要理解什么是设备像素，以及什么是 CSS 像素。设备像素指的是设备屏幕的物理像素，任何设备的物理像素数量都是固定的。例如，华为 P20 屏幕大小为 5.8 英寸，屏幕分辨率为 1080×2244，像素密度为 428ppi。CSS 像素是 CSS 中使用的一个抽象概念，它和物理像素之间的比例取决于屏幕的特性以及用户进行的缩放比例，由浏览器自行换算。由此可知，具体显示的像素数目，是与设备像素密切相关的。

16.1.4 视口与媒体查询

视口（viewport）和窗口（window）是两个不同的概念，视口是与设备相关的一个矩形区域，坐标单位与设备有关，在使用代码布局时，使用的坐标总是窗口坐标，而实际显示或输出设备则各有自己的坐标。

1. 计算机端视口

在计算机端，视口指的是浏览器的可视区域，其宽度和浏览器窗口的宽度保持一致，在这里视口等同于窗口，如图 16-5 所示。

图 16-5　计算机端视口

2. 移动端视口

在移动端，视口较为复杂，可以分为可见视口和布局视口。由于移动浏览器的宽度限制，在有限的宽度内可见部分即为可见视口，但是可见视口装不下所有内容，为此移动设备浏览器通过<meta>元标记引入 viewport 属性，用来处理可见视口与布局视口之间的关系。代码如下：

```
<meta name="viewport" content="width=device-width">
```

3. 视口常用属性

viewport 属性对响应式设计具有非常重要的作用，表示设备屏幕上能用来显示的网页区域，也就是移动浏览器上用来显示网页的区域。表 16-1 对 viewport 属性进行了详细说明。

表 16-1　viewport 属性中常用的属性值及说明

属 性 值	说 明
with	设置布局视口的宽度。该属性可以设置为数字值或 device-width，单位为像素
height	设置布局视口的高度。该属性可以设置为数字值或 device- height，单位为像素
initial-scale	设置页面初始缩放比例
minimum-scale	设置页面最小缩放比例
maximum-scale	设置页面最大缩放比例
user-scalable	设置用户是否可以缩放。yes 表示可以缩放，no 表示禁止缩放

下面来看一个简单的例子，在 Chrome 浏览器下调试，模拟屏幕是 iPad 768px×1024px。

【例 16-1】可见视口和布局视口的区别（源代码\ch16\16.1.html）。

```
<!DOCTYPE html>
<html lang="en">
<head>
```

```
    <meta charset="UTF-8" name="viewport" content="width=768px" >
    <title>Title</title>
    <style>
        h1{ font-size: 15px; font-weight: bold;}
        p{ font-size: 15px;}
    </style>
</head>
<body>
<div>
    <h1>静夜思</h1>
    <p>窗前明月光,</p>
    <p>疑是地上霜.</p>
    <p>举头望明月,</p>
    <p>低头思故乡.</p>
</div>
</body>
</html>
```

运行结果如图 16-6 所示。

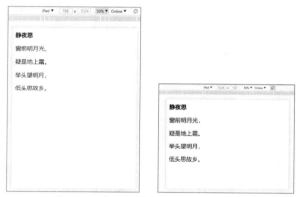

图 16-6　宽度值固定的布局视口的效果

从图 16-6 可以看到，文字会随着屏幕的变化而变化，如果希望文字的大小不受 viewport 的影响，可以将 content="width=768px"中的 width 设置为 device-width，语法如下：

```
<meta charset="UTF-8" name="viewport" content="width=device-width" >
```

运行后的效果如图 16-7 所示。

还可以设置 initial-scale 的值使页面刚开始渲染时就放大，语法如下：

```
<meta charset="UTF-8" name="viewport" content="width=device-width, initial-scale=5" >
```

运行后的效果如图 16-8 所示。

图 16-7　布局视口和可见视口相同的效果　　　　图 16-8　initial-scale 为 5 的效果

一般网站都不需要用户缩放就能正常浏览，可以通过设置 maximum-scale 属性实现，语法如下：

```
<meta charset="UTF-8"  name="viewport" content="width=device-width,initial-scale=
1.0,maximum-scale =1.0" >
```

4．媒体查询

媒体查询的核心是根据设备显示器的特征（视口宽度、屏幕比例和设备方向）来设定 CSS 的样式。媒体查询由媒体类型和一个或多个检测媒体特性的条件表达式组成。通过媒体查询，可以实现同一个 html 页面根据不同的输出设备显示不同的外观效果。

媒体查询的使用方法是在<head>标记中添加 viewport 属性。具体代码如下：

```
<meta name="viewport" content="width=device-width",initial-scale=1,maximum-scale=
1.0,user-scalable="no">
```

然后使用@media 关键字编写 CSS 媒体查询内容。例如以下代码：

```
/*当设备宽度在 450 像素和 650 像素之间时,显示背景图片为 m1.gif*/
@media screen and (max-width:650px) and (min-width:450px){
    header{
        background-image: url(m1.gif);
    }
}
/*当设备宽度小于或等于 450 像素时,显示背景图片为 m2.gif*/
@media screen and (max-width:450px){
    header{
        background-image: url(m2.gif);
    }
}
```

上述代码实现的功能是根据屏幕的大小不同而显示不同的背景图片。当设备屏幕宽度在 450 像素到 650 像素之间时，媒体查询中设置背景图片为 m1.gif；当设备屏幕宽度小于或等于 450 像素时，媒体查询中设置背景图片为 m2.gif。

16.2　响应式网页的布局设计

响应式网页的布局设计主要特点是根据不同的设备显示不同的页面布局效果。

16.2.1　常用布局类型

根据网页的列数可以将网页布局类型分为单列布局和多列布局。多列布局又可以分为均分多列布局和不均分多列布局。

1．单列布局

网页单列布局模式是最简单的一种布局形式，也被称为"网页 1-1-1 型布局模式"，如图 16-9 所示为网页单列布局模式示意图。

2．均分多列布局

列数大于或等于 2 列的布局类型，每列宽度相同，列与列间距相同，如图 16-10 所示。

3．不均分多列布局

列数大于或等于 2 列的布局类型，每列宽度不相同，列与列间距不同，如图 16-11 所示。

图 16-9　单列布局　　　　　图 16-10　均分多列布局　　　　　图 16-11　不均分多列布局

16.2.2　布局的实现方式

采用何种方式实现布局设计，也有不同的方式，这里基于页面的实现单位（像素或百分比）而言，分为四种类型：固定布局、可切换的固定布局、弹性布局和混合布局。

（1）固定布局：以像素作为页面的基本单位，不管设备屏幕及浏览器宽度，只设计一套固定宽度的页面布局，如图 16-12 所示。

（2）可切换的固定布局：同样以像素作为页面单位，参考主流设备尺寸，设计几套不同宽度的布局。通过媒体查询技术识别不同的屏幕尺寸或浏览器宽度，选择最合适的宽度布局，如图 16-13 所示。

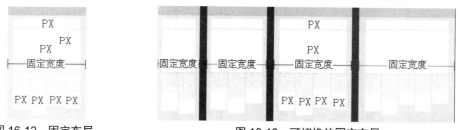

图 16-12　固定布局　　　　　　　　　　图 16-13　可切换的固定布局

（3）弹性布局：以百分比作为页面的基本单位，可以适应一定范围内所有尺寸的设备屏幕及浏览器宽度，并能完美利用有效空间展现最佳效果，如图 16-14 所示。

（4）混合布局：与弹性布局类似，可以适应一定范围内所有尺寸的设备屏幕及浏览器宽度，并能完美利用有效空间展现最佳效果，用混合像素和百分比两种单位作为页面单位，如图 16-15 所示。

图 16-14　弹性布局　　　　　　　　　　图 16-15　混合布局

可切换的固定布局、弹性布局和混合布局都是目前可被采用的响应式布局方式，其中可切换的固定布局的实现成本最低，但拓展性比较差；弹性布局与混合布局效果具有响应性，都是比较理想的响应式布局实现方式。只是对于不同类型的页面排版布局实现响应式设计，需要采用不用的实现方式，通栏、等分结构适合采用弹性布局方式，对于非等分的多栏结构，往往需要采用混合布局的实现方式。

16.2.3　响应式布局的实现

对页面进行响应式的设计实现，需要对相同内容进行不同宽度的布局设计，一般有两种方式：

桌面计算机端优先（从桌面计算机端开始设计），移动端优先（从移动端开始设计）。无论基于哪种模式的设计，要兼容所有设备，布局响应时不可避免地需要对模块布局做一些变化。

通过 JavaScript 获取设备的屏幕宽度，就可以改变网页的布局。常见的响应式布局方式有以下两种。

1. 模块内容不变

页面中整体模块内容不发生变化，通过调整模块宽度，可以将模块内容从挤压调整到拉伸，从平铺调整到换行，如图 16-16 所示。

2. 模块内容改变

页面中整体模块内容发生变化，通过媒体查询，检测当前设备的宽度，动态隐藏或显示模块内容，增加或减少模块的数量，如图 16-17 所示。

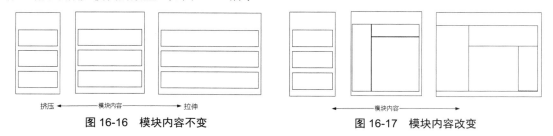

图 16-16　模块内容不变　　　　　　　　图 16-17　模块内容改变

16.3　响应式图片

实现响应式图片效果的常用方法有两种，分别是使用<picture>标记和使用 CSS 图片。

16.3.1　使用<picture>标记

<picture>标记可以实现在不同的设备上显示不同的图片，从而实现响应式图片的效果。语法格式如下：

```
<picture>
  <source media="(max-width: 600px)" srcset="m1.jpg">
  <img src="m2.jpg">
</picture>
```

<picture>标记包含<source>标记和<img>标记，根据不同设备屏幕的宽度，显示不同的图片。上述代码的功能是，当屏幕的宽度小于 600px 时，显示 m1.jpg 图片，否则显示默认图片 m2.jpg。

☆**大牛提醒**☆

根据屏幕匹配的不同尺寸显示不同图片，如果没有匹配到或浏览器不支持<picture>标记，则使用<img>标记内的图片。

【例 16-2】使用<picture>标记实现响应式图片布局（源代码\ch16\16.2.html）。

本实例通过使用<picture>标记、<source>标记和<img>标记，根据不同设备屏幕的宽度，显示不同的图片。当屏幕的宽度大于 300px 时，显示 m1.jpg 图片，否则显示默认图片 m2.jpg。

```
<!DOCTYPE html>
<html>
<head>
    <title>使用<picture>标记</title>
</head>
<body>
```

```
<h3>使用<picture>标记实现响应式图片</h3>
<picture>
    <source media="(min-width: 500px)" srcset="images/m1.jpg">
    <img src="images/m2.jpg">
</picture>
</body>
</html>
```

计算机端运行结果如图 16-18 所示。使用 Opera Mobile Emulator 模拟手机端运行结果如图 16-19 所示。

图 16-18　计算机端预览效果

图 16-19　模拟手机端预览效果

16.3.2　使用 CSS 图片

大尺寸图片可以显示在大屏幕上，在小屏幕上则不能很好显示。为了解决这个问题，可以利用媒体查询技术，即使用 CSS 中的 media 关键字，根据不同的设备显示不同的图片。语法格式如下：

```
@media screen and (min-width: 600px) {
CSS 样式信息
    }
```

上述代码的功能是当屏幕大于 600px 时，将应用大括号内的 CSS 样式。

【例 16-3】使用 CSS 图片实现响应式图片布局（源代码\ch16\16.3.html）。

本实例使用媒体查询技术中的 media 关键字，实现响应式图片布局。当屏幕宽度大于 600px 时，显示图片 m4.jpg；当屏幕宽度小于 599px 时，显示图片 m5.jpg。

```
<!DOCTYPE html>
<html>
<head>
    <meta name="viewport" content="width=device-width",initial-scale=1,maximum-scale=
1.0,user-scalable="no">
    <title>使用 CSS 图片</title>
    <style>
        /*当屏幕宽度大于 600 像素时*/
        @media screen and (min-width: 600px) {
            .bcImg {
                background-image:url(images/m4.jpg);
                background-repeat: no-repeat;
                height: 500px;
            }
```

```
        }
    /*当屏幕宽度小于599像素时*/
    @media screen and (max-width: 599px) {
        .bcImg {
            background-image:url(images/m5.jpg);
            background-repeat: no-repeat;
            height: 499px;
        }
    }
    </style>
</head>
<body>
<div class="bcImg"></div>
</body>
</html>
```

计算机端运行结果如图 16-20 所示。使用 Opera Mobile Emulator 模拟手机端运行结果如图 16-21 所示。

图 16-20　计算机端预览效果

图 16-21　模拟手机端预览效果

16.4　响应式视频

使用<meta>标记可以处理响应式视频。<meta>标记中的 viewport 属性可以设置网页设计的宽度和实际屏幕的宽度的大小关系。语法格式如下：

```
<meta name="viewport" content="width=device-width",initial-scale=1,maximum-scale =1,
user-scalable="no">
```

【例 16-4】使用<meta>标记播放手机视频（源代码\ch16\16.4.html）。

本实例使用<meta>标记实现一个视频在手机端正常播放。首先使用<iframe>标记引入测试视频，然后通过<meta>标记中的 viewport 属性设置网页设计的宽度和实际屏幕的宽度的大小关系。

```
<!DOCTYPE html>
<html>
<head>
<!--通过meta元标记,使网页宽度与设备宽度一致 -->
<meta name="viewport" content="width=device-width,initial-scale=1" maximum-scale=1,
```

```
user-scalable="no">
    <title>使用<meta>标记播放手机视频</title>
    </head>
    <body>
    <div align="center">
        <!--使用 iframe 标记,引入视频-->
        <iframe src="images/花朵.mp4" frameborder="0" allowfullscreen></iframe>
    </div>
    </body>
    </html>
```

使用 Opera Mobile Emulator 模拟手机端运行结果如图 16-22 所示。

图 16-22　模拟手机端预览视频的效果

16.5　响应式导航菜单

导航菜单是设计网站中最常用的元素。下面讲述响应式导航菜单的实现方法。利用媒体查询技术中的 media 关键字,获取当前设备屏幕的宽度,根据不同的设备显示不同的 CSS 样式。

【例 16-5】使用 media 关键字设计网上商城的响应式菜单(源代码\ch16\16.5.html)。

本实例使用媒体查询技术中的 media 关键字,实现网上商城的响应式菜单。

```
<!DOCTYPE HTML>
<html>
<head>
    <meta name="viewport" content="width=device-width, initial-scale=1">
    <title>CSS3 响应式菜单</title>
    <style>
        .nav ul {
            margin: 0;
            padding: 0;
        }
        .nav li {
            margin: 0 5px 10px 0;
            padding: 0;
            list-style: none;
            display: inline-block;
            *display:inline;
        }
```

```css
.nav a {
    padding: 3px 12px;
    text-decoration: none;
    color: #999;
    line-height: 100%;
}
.nav a:hover {
    color: #000;
}
.nav .current a {
    background: #999;
    color: #fff;
    border-radius: 5px;
}
.nav.right ul {
    text-align: right;
}
.nav.center ul {
    text-align: center;
}
@media screen and (max-width: 600px) {
    .nav {
        position: relative;
        min-height: 40px;
    }
    .nav ul {
        width: 180px;
        padding: 5px 0;
        position: absolute;
        top: 0;
        left: 0;
        border: solid 1px #aaa;
        border-radius: 5px;
        box-shadow: 0 1px 2px rgba(0,0,0,.3);
    }
    .nav li {
        display: none;
        margin: 0;
    }
    .nav .current {
        display: block;
    }
    .nav a {
        display: block;
        padding: 5px 5px 5px 32px;
        text-align: left;
    }
    .nav .current a {
        background: none;
        color: #666;
    }
    .nav ul:hover {
        background-image: none;
        background-color: #fff;
    }
    .nav ul:hover li {
        display: block;
        margin: 0 0 5px;
    }
    .nav.right ul {
```

```
                left: auto;
                right: 0;
            }
            .nav.center ul {
                left: 50%;
                margin-left: -90px;
            }
        }
    </style>
</head>
<body>
<h2>鲜果商城</h2>
<nav class="nav">
    <ul>
        <li class="current"><a href="#">时令水果</a></li>
        <li><a href="#">苹果</a></li>
        <li><a href="#">香蕉</a></li>
        <li><a href="#">香梨</a></li>
        <li><a href="#">甘蔗</a></li>
        <li><a href="#">芒果</a></li>
    </ul>
</nav>
<p>鲜果商城-专业的综合网上水果购物商城，由于社区生鲜电商爆发！鲜果网推出了社区生鲜电商系统,助力广
大创业者、生鲜企业,快速入局社区生鲜.</p>
</body>
</html>
```

计算机端运行结果如图 16-23 所示。使用 Opera Mobile Emulator 模拟手机端运行结果如图 16-24
所示。

图 16-23　计算机端预览导航菜单的效果

图 16-24　模拟手机端预览导航菜单的效果

16.6　响应式表格

表格在网页设计中非常重要，例如网站中的商品采购信息表，就是使用表格技术实现的。响应
式表格通常是通过隐藏表格中的列、滚动表格中的列和转换表格中的列来实现的。

16.6.1　隐藏表格中的列

为了适配移动端的布局效果，可以隐藏表格中不重要的列。通过媒体查询技术中的 media 关键字，获取当前设备屏幕的宽度，根据不同的设备将不重要的列设置为：display:none，从而隐藏指定的列。

【例 16-6】隐藏商品采购信息表中不重要的列（源代码\ch16\16.6.html）。

利用媒体查询技术中的 media 关键字，在移动端隐藏表格的第 4 列和第 6 列。

```html
<!DOCTYPE html>
<html >
<head>
    <meta name="viewport" content="width=device-width, initial-scale=1">
    <title>隐藏表格中的列</title>
    <style>
        @media only screen and (max-width: 600px) {
            table td:nth-child(4),
            table th:nth-child(4),
            table td:nth-child(6),
            table th:nth-child(6){display: none;}
        }
    </style>
</head>
<body>
<h1 align="center">商品采购信息表</h1>
<table width="100%" cellspacing="1" cellpadding="5" border="1">
    <thead>
    <tr>
        <th>编号</th>
        <th>产品名称</th>
        <th>价格</th>
        <th>产地</th>
        <th>库存</th>
        <th>级别</th>
    </tr>
    </thead>
    <tbody align="center">
    <tr>
        <td>1001</td>
        <td>冰箱</td>
        <td>6800 元</td>
        <td>上海</td>
        <td>4999</td>
        <td>1 级</td>
    </tr>
    <tr>
        <td>1002</td>
        <td>空调</td>
        <td>5800 元</td>
        <td>上海</td>
        <td>6999</td>
        <td>1 级</td>
    </tr>
    <tr>
        <td>1003</td>
        <td>洗衣机</td>
        <td>4800 元</td>
        <td>北京</td>
        <td>3999</td>
        <td>2 级</td>
    </tr>
    </tbody>
```

```
    </table>
    </body>
    </html>
```

计算机端运行结果如图 16-25 所示。使用 Opera Mobile Emulator 模拟手机端运行结果如图 16-26 所示。

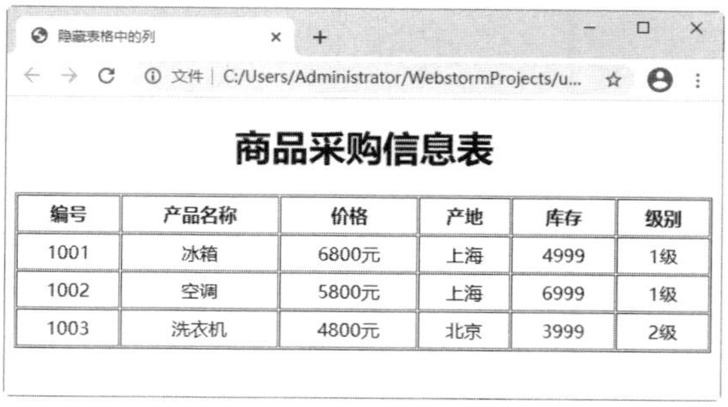

图 16-25　计算机端预览效果

图 16-26　隐藏表格中的列

16.6.2　滚动表格中的列

通过滚动条可以将手机端看不到的信息进行滚动查看。实现此效果主要是利用媒体查询技术中的 media 关键字，获取当前设备屏幕的宽度，根据不同的设备宽度，改变表格的样式，将表头由横向排列变成纵向排列。

【例 16-7】滚动表格中的列（源代码\ch16\16.7.html）。

本实例不改变表格的内容，通过滚动的方式查看表格中的所有信息。

```
<!DOCTYPE html>
<html>
<head>
    <meta name="viewport" content="width=device-width, initial-scale=1">
    <title>滚动表格中的列</title>
    <style>
        @media only screen and (max-width: 650px) {
            *:first-child+html .cf { zoom: 1; }
            table { width: 100%; border-collapse: collapse; border-spacing: 0; }
            th,
            td { margin: 0; vertical-align: top; }
            th { text-align: left; }
            table { display: block; position: relative; width: 100%; }
            thead { display: block; float: left; }
            tbody { display: block; width: auto; position: relative; overflow-x: auto;
white-space: nowrap; }
            thead tr { display: block; }
            th { display: block; text-align: right; }
            tbody tr { display: inline-block; vertical-align: top; }
            td { display: block; min-height: 1.25em; text-align: left; }
            th { border-bottom: 0; border-left: 0; }
            td { border-left: 0; border-right: 0; border-bottom: 0; }
            tbody tr { border-left: 1px solid #babcbf; }
            th:last-child,
            td:last-child { border-bottom: 1px solid #babcbf; }
        }
    </style>
```

```
</head>
<body>
<h1 align="center">商品采购信息表</h1>
<table width="100%" cellspacing="1" cellpadding="5" border="1">
   <thead>
   <tr>
       <th>编号</th>
       <th>产品名称</th>
       <th>价格</th>
       <th>产地</th>
       <th>库存</th>
       <th>级别</th>
   </tr>
   </thead>
   <tbody align="center">
   <tr>
       <td>1001</td>
       <td>电视机</td>
       <td>2800 元</td>
       <td>上海</td>
       <td>8999</td>
       <td>2 级</td>
   </tr>
   <tr>
       <td>1002</td>
       <td>热水器</td>
       <td>320 元</td>
       <td>上海</td>
       <td>9999</td>
       <td>1 级</td>
   </tr>
   <tr>
       <td>1003</td>
       <td>手机</td>
       <td>1800 元</td>
       <td>上海</td>
       <td>9999</td>
       <td>1 级</td>
   </tr>
   </tbody>
</table>
</body>
</html>
```

计算机端运行结果如图 16-27 所示。使用 Opera Mobile Emulator 模拟手机端运行结果如图 16-28 所示。

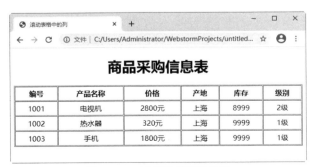

图 16-27　计算机端预览效果

图 16-28　滚动表格中的列

16.6.3　转换表格中的列

转换表格中的列就是将表格转化为列表。利用媒体查询技术中的 media 关键字，获取当前设备屏幕的宽度，然后利用 CSS 技术将表格转化为列表。

【例 16-8】转换表格中的列（源代码\ch16\16.8.html）。

```html
<!DOCTYPE html>
<html>
<head>
    <meta name="viewport" content="width=device-width, initial-scale=1">
    <title>转换表格中的列</title>
    <style>
        @media only screen and (max-width: 800px) {
            table, thead, tbody, th, td, tr {
                display: block;
            }
            thead tr {
                position: absolute;
                top: -9999px;
                left: -9999px;
            }
            tr { border: 1px solid #ccc; }
            td {
                border: none;
                border-bottom: 1px solid #eee;
                position: relative;
                padding-left: 50%;
                white-space: normal;
                text-align:left;
            }
            td:before {
                position: absolute;
                top: 6px;
                left: 6px;
                width: 45%;
                padding-right: 10px;
                white-space: nowrap;
                text-align:left;
                font-weight: bold;
            }
            td:before { content: attr(data-title); }
        }
    </style>
</head>
<body>
<h1 align="center">学生考试成绩表</h1>
<table width="100%" cellspacing="1" cellpadding="5" border="1">
    <thead>
    <tr>
        <th>学号</th>
        <th>姓名</th>
        <th>语文</th>
        <th>数学</th>
        <th>英语</th>
    </tr>
    </thead>
    <tbody align="center">
    <tr>
        <td>1001</td>
        <td>张小飞</td>
        <td>126</td>
        <td>146</td>
```

```
            <td>124</td>
        </tr>
        <tr>
            <td>1002</td>
            <td>王小明</td>
            <td>106</td>
            <td>136</td>
            <td>114</td>
        </tr>
        <tr>
            <td>1003</td>
            <td>李晓华</td>
            <td>125</td>
            <td>142</td>
            <td>125</td>
        </tr>
        <tr>
            <td>1004</td>
            <td>刘子谦</td>
            <td>126</td>
            <td>136</td>
            <td>124</td>
        </tr>
        </tbody>
</table>
</body>
</html>
```

计算机端运行结果如图 16-29 所示。使用 Opera Mobile Emulator 模拟手机端运行结果如图 16-30 所示。

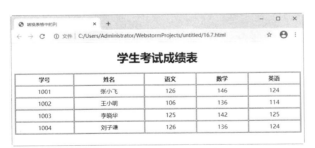

图 16-29　计算机端预览效果　　　　图 16-30　转换表格中的列

16.7　新手疑难问题解答

问题 1：视口与窗口有什么区别？

解答：视口的概念，在桌面浏览器中等同于浏览器中窗口的概念，视口中的像素指的是 CSS 像素，视口的大小决定了页面布局的可用宽度，视口的坐标是逻辑坐标，与设备无关。

问题 2：响应式网页的优缺点有哪些？

解答：响应式网页的优点如下：

- 跨平台上友好显示。无论是电脑、平板或手机，响应式网页都可以适应并显示友好的网页界面。
- 数据同步更新。由于数据库是统一的，所以当后台数据库更新后，电脑端或移动端都将同步更新，这样数据管理起来就比较及时和方便。
- 降低成本。通过响应式网页设计，可以不用再开发一个独立的计算机端网站和移动端的网站，从而降低了开发成本，同时也降低了维护的成本。

响应式网页的缺点如下：

- 前期开发考虑的因素较多，需要考虑不同设备的宽度和分辨率等因素，以及图片、视频等多媒体是否能在不同的设备上优化地展示。
- 由于网页需要提前判断设备的特征，同时要下载多套 CSS 样式代码，在加载页面中就会增加读取时间和加载时间。

16.8 实战训练

实战 1：使用盒子模型创建响应式页面。

通过 CSS3 中的盒子模型可以创建响应式页面。在浏览器中浏览效果如图 16-31 所示。按住浏览器的右边框拖曳，增加浏览器的宽度，效果如图 16-32 所示。继续增加浏览器的宽度，效果如图 16-33 所示，可见该网页是一个简单的响应式页面。

图 16-31 程序运行结果

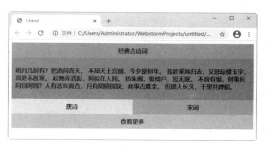

图 16-32 增加浏览器的宽度

实战 2：制作购物网站中的"手机配件"板块。

结合本章所学知识，制作一个购物网站中的"手机配件"板块，运行结果如图 16-34 所示。

图 16-33 再次增加浏览器的宽度

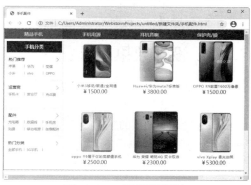

图 16-34 手机配件版块

第17章

设计企业响应式网站

当今是一个信息时代，企业信息可以通过企业网站传达到世界各个角落，从而达到宣传企业，宣传企业的产品，宣传企业的服务，全面展示企业形象的目的。本章就来介绍如何设计一个企业响应式网站。

17.1　网站概述

本案例将设计一个复杂的网站，主要设计目标说明如下：

- 完成复杂的页头区，包括左侧隐藏的导航和 Logo，以及右上角实用导航（登录表单）。
- 实现企业风格的配色方案。
- 实现特色展示区的响应式布局。
- 实现特色展示图片的遮罩效果。
- 页脚设置多栏布局。

17.1.1　网站结构

本案例目录文件说明如下：

- bootstrap-4.2.1-dist：bootstrap 框架文件夹。
- font-awesome-4.7.0：图标字体库文件。中文网下载地址：http://www.fontawesome.com.cn/。
- css：样式表文件夹。
- js：JavaScript 脚本文件夹，包含 index.js 文件和 jQuery 库文件。
- images：图片素材。
- index.html：主页面。

17.1.2　设计效果

本案例是企业网站应用，主要设计主页效果。在电脑等宽屏中浏览主页，上半部分效果如图 17-1 所示，下半部分效果如图 17-2 所示。

页头中设计了隐藏的左侧导航和登录表单，左侧导航栏效果如图 17-3 所示，登录表单效果如图 17-4 所示。

图 17-1　上部分效果

图 17-2　下半部分效果

图 17-3　左侧导航栏

图 17-4　登录表单

17.1.3　设计准备

应用 bootstrap 框架的页面建议为 HTML5 文档类型。同时在页面头部区域导入框架的基本样式文件、脚本文件、jQuery 文件和自定义的 CSS 样式及 JavaScript 文件。

```
<!DOCTYPE html>
<html>
<head>
    <meta charset="UTF-8">
    <meta name="viewport" content="width=device-width,initial-scale=1, shrink-to-fit=no">
    <title>我爱咖啡</title>
    <link rel="stylesheet" href="bootstrap-4.2.1-dist/css/bootstrap.css">
    <link rel="stylesheet" href="font-awesome-4.7.0/css/font-awesome.css">
    <link rel="stylesheet" href="css/style.css">
    <script src="js/index.js"></script>
    <script src="jquery-3.3.1.slim.js"></script>
    <script src="https://cdn.staticfile.org/popper.js/1.14.6/umd/popper.js"></script>
    <script src="bootstrap-4.2.1-dist/js/bootstrap.min.js"></script>
</head>
<body>
</body>
</html>
```

17.2 设计主页

在网站开发中，主页设计和制作会占据整体制作时间的 30%～40%。主页设计是一个网站成功与否的关键，成功的网站设计应该让用户看到主页就能对整个网站有一个整体的感觉。

17.2.1 主页布局

本例主页主要包括页头导航条、轮播广告区、功能区、特色展示区和页脚区。

就像搭积木一样，每个模块是一个单位积木，如何拼凑出一个漂亮的模型，需要创意和想象力。本案例主页布局效果如图 17-5 所示。

17.2.2 设计导航条

构建导航条的 HTML 结构。整个结构包含 3 个图标，图标的布局使用 bootstrap 网格系统，代码如下：

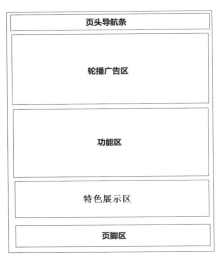

图 17-5 主页布局效果

```
<div class="row">
<div class="col-4"></div>
<div class="col-4 "></div>
<div class="col-4 "></div>
<div class="col-4 "></div>
</div>
</div>
```

应用 bootstrap 的样式，设计导航条效果。在导航条外添加<div class="head fixed-top">包含容器，自定义的.head 控制导航条的背景颜色，.fixed-top 固定导航栏在顶部。然后为网格系统中每列添加 bootstrap 水平对齐样式.text-center 和.text-right，为中间两个容器添加 Display 显示属性。

```
<div class="head fixed-top">
<div class="mx-5 row py-3 ">
<!--左侧图标-->
<div class="col-4">
<a class="show" href="javascript:void(0);"><i class="fa fa-bars fa-2x"></i></a>
</div>
<!--中间图标-->
<div class="col-4 text-center d-none d-sm-block">
<a href="javascript:void(0);"><i class="fa fa-television fa-2x"></i></a>
</div>
<div class="col-4 text-center d-block d-sm-none">
<a href="javascript:void(0);"><i class="fa fa-mobile fa-2x"></i></a>
</div>
<!--右侧图标-->
<div class="col-4 text-right">
<a href="javascript:void(0);" class="show1"><i class="fa fa-user-o fa-2x"></i></a>
</div>
</div>
</div>
```

自定义的背景色和字体颜色样式代码如下：

```
.head{
```

```
    background: #00aa88;          /*定义背景色*/
    z-index:50;                   /*设置元素的堆叠顺序*/
}
.head a{
    color:white;                  /*定义字体颜色*/
```

中间图标由两个图标构成,每个图标都添加了 **d-none d-sm-block** 和 **d-block d-sm-noneDisplay** 显示样式,控制在页面中只能显示一个图标。在中、大屏设备（>768px）中显示效果如图 17-6 所示,中间显示为电脑图标;在小屏设备（<768px）上显示效果如图 17-7 所示,中间图标显示 为手机图标。

图 17-6 中、大屏设备显示效果

图 17-7 小屏设备显示效果

当拖动滚动条时,导航条始终固定在顶部,效果如图 17-8 所示。

为左侧图标添加 click（单击）事件,绑定 show 类。当单击左侧图标时,激活隐藏的侧边导航 栏,效果如图 17-9 所示。

图 17-8 导航条固定效果

图 17-9 侧边导航栏激活效果

为右侧图标添加 click 事件,绑定 show1 类。当单击 右侧图标时,激活隐藏的登录页,效果如图 17-10 所示。

提示：侧边导航栏和登录页的设计将在"17.3 设计 侧边导航栏"和"17.4 设计登录页"中具体进行介绍。

17.2.3 设计轮播广告

bootstrap 框架中,轮播插件结构比较固定,轮播包 含框需要指明 ID 值和 carousel、slide 类。框内包含三部 分组件：标签框（carousel-indicators）、图文内容框 （carousel-inner）和左右导航按钮（carousel-control-prev、 carousel-control-next）。通过 data-target="#carousel"属性

图 17-10 登录页面激活效果

启动轮播，使用 data-slide-to="0"、data-slide ="pre"、data-slide ="next"定义交互按钮的行为。完整代码如下：

```
<div id="carousel" class="carousel slide">
    <!--标签框-->
    <ol class="carousel-indicators">
        <li data-target="#carousel" data-slide-to="0" class="active"></li>
    </ol>
    <!--图文内容框-->
    <div class="carousel-inner">
        <div class="carousel-item active">
            <img src="images " class="d-block w-100" alt="…">
            <div class="carousel-caption d-none d-sm-block">
                <h5> </h5>
                <p> </p>
            </div>
        </div>
    </div>
    <!--左右导航按钮-->
    <a class="carousel-control-prev" href="#carousel" data-slide="prev">
        <span class="carousel-control-prev-icon"></span>
    </a>
    <a class="carousel-control-next" href="#carousel" data-slide="next">
        <span class="carousel-control-next-icon"></span>
    </a>
</div>
```

在轮播基本结构基础上设计本案例轮播广告位结构。在图文内容框（carousel-inner）中包裹了多层内嵌结构，其中每个图文项目使用<div class="carousel-item">定义，使用<div class="carousel-caption">定义轮播图标签文字框。本案例没有设计标签框。

左右导航按钮分别使用 carousel-control-prev 和 carousel-control-next 来控制，使用 carousel-control-prev-icon 和 carousel-control-next-icon 类来设计左右箭头。使用 href="#carouselControls"绑定轮播框，使用 data-slide="prev"和 data-slide="next"激活轮播行为。轮播图的完整代码如下：

```
<div id="carouselControls" class="carousel slide" data-ride="carousel">
    <div class="carousel-inner max-h">
        <div class="carousel-item active">
            <img src="images/001.jpg" class="d-block w-100" alt="…">
            <div class="carousel-caption d-none d-sm-block">
                <h5>推荐一</h5>
                <p>说明</p>
            </div>
        </div>
        <div class="carousel-item">
            <img src="images/002.jpg" class="d-block w-100" alt="…">
            <div class="carousel-caption d-none d-sm-block">
                <h5>推荐二</h5>
                <p>说明</p>
            </div>
        </div>
        <div class="carousel-item">
            <img src="images/003.jpg" class="d-block w-100" alt="…">
            <div class="carousel-caption d-none d-sm-block">
                <h5>推荐三</h5>
                <p>说明</p>
            </div>
        </div>
    </div>
    <a class="carousel-control-prev" href="#carouselControls" data-slide="prev">
        <span class="carousel-control-prev-icon" aria-hidden="true"></span>
        <span class="sr-only">Previous</span>
```

```
        </a>
        <a class="carousel-control-next" href="#carouselControls" data-slide="next">
            <span class="carousel-control-next-icon" aria-hidden="true"></span>
            <span class="sr-only">Next</span>
        </a>
</div>
```

在浏览器中运行，轮播的效果如图 17-11 所示。

图 17-11　轮播广告区页面效果

考虑到布局的设计，在图文内容框中添加了自定义的样式 max-h，用来设置图文内容框最大高度，以免图片过大而影响整体页面布局。

```
.max-h{
    max-height:500px;
}
```

17.2.4　设计功能区

功能区包括欢迎区、功能导航区和搜索区三部分。

欢迎区设计代码如下：

```
<div class="text-center">
<h2 class="color">欢 迎 您 ！</h2>
<h6 class="my-3">最专业、最权威的技术团队用心做事，为客户提供最满意的系统服务</h6>
</div>
```

功能导航区使用了 bootstrap 的导航组件。导航框使用<ul class="nav">定义，使用 justify-content-center 设置水平居中。导航中每个项目使用<li class="nav-item">定义，每个项目中的链接添加 nav-link 类。具体代码如下：

```
<ul class="nav justify-content-center nav-head">
    <li class="nav-item">
        <a class="nav-link" href="">
            <i class="fa fa-home"></i>
            <h6 class="size">种植</h6>
        </a>
    </li>
    <li class="nav-item">
        <a class="nav-link" href="#">
            <i class="fa fa-university "></i>
            <h6 class="size">调制</h6>
        </a>
    </li>
    <li class="nav-item">
        <a class="nav-link" href="#">
```

```
        <i class="fa fa-hdd-o "></i>
        <h6 class="size">烘焙</h6>
    </a>
  </li>
</ul>
```

搜索区使用了表单组件。搜索表单包含在<div class="container">容器中，具体代码如下：

```
<h5 class="text-center my-3">查找您需要的咖啡<i class="fa fa-hand-o-down color1"></i>
</h5>
<div class="container">
    <form>
        <div class="form-group">
            <input type="search" class="form-control form-control-lg" placeholder="您
需要咖啡的名称或者套餐类型">
        </div>
    </form>
    <a href="" class="btn1 border d-block text-center py-2">搜索</a>
</div>
```

考虑到页面的整体效果，功能区自定义了一些样式代码，具体代码如下：

```
.nav-head li{
    text-align: center;              /*居中对齐*/
    margin-left: 15px;               /*定义左边外边距*/
}
.nav-head li i{
    display: block;                  /*定义元素为块级元素*/
    width: 50px;                     /*定义宽度*/
    height: 50px;                    /*定义高度*/
    border-radius: 50%;              /*定义圆角边框*/
    padding-top: 10px;               /*定义上边内边距*/
    font-size: 1.5rem;               /*定义字体大小*/
    margin-bottom: 10px;             /*定义底边外边距*/
    color:white;                     /*定义字体颜色为白色*/
    background: #00aa88;             /*定义背景颜色*/
}
.size{font-size: 1.3rem;}            /*定义字体大小*/
.btn1{
    width: 200px;                    /*定义宽度*/
    background: #00aa88;             /*定义背景颜色*/
    color: white;                    /*定义字体颜色*/
    margin: auto;                    /*定义外边距自动*/
}
.btn1:hover{
    color:#8B008B;                   /*定义字体颜色*/
}
```

在 IE 浏览器中运行，功能区的效果如图 17-12 所示。

图 17-12　功能区页面效果

17.2.5　设计特色展示

使用网格系统设计布局，并添加响应类。在中屏及以上设备（>768px）显示为 3 列，如图 17-13 所示；在小屏设备（<768px）显示为每行一列，如图 17-14 所示。代码如下：

```
<div class="row">
    <div class="col-12 col-md-4"></div>
    <div class="col-12 col-md-4 "></div>
    <div class="col-12 col-md-4"></div>
</div>
```

图 17-13　中屏及以上设备显示效果　　　　图 17-14　小屏显示效果

在每列中添加展示图片及说明。说明框使用了 bootstrap 框架的卡片组件，使用<div class="card">定义，主体内容框使用<div class="card-body">定义。代码如下：

```
<div class="box">
    <img src="images/004.jpg" class="img-fluid" alt="">
</div>
<div class="card border-0 pt-0">
<div class="card-body">
<h6>名称：原味幸福</h6>
<h6>寄语：给你稳稳的幸福</h6>
<h6>售价：15 元/杯</h6>
<h6 class="mt-3"><a href="" class="btn2 border py-1 px-3">详情</a></h6>
</div>
</div>
</div>
```

为展示图片设计遮罩效果。设计遮罩效果，默认状态下隐藏显示<div class="box-content">遮罩层，当鼠标指针经过图片时，渐现遮罩层，并通过绝对定位覆盖在展示图片的上面。HTML 代码如下：

```
<div class="box">
    <img src="images/005.jpg" class="img-fluid" alt="">
    <div class="box-content">
    <h3 class="title">套餐二</h3>
    <span class="post">相濡以沫</span>
    <ul class="icon">
        <li><a href="#"><i class="fa fa-search"></i></a></li>
        <li><a href="#"><i class="fa fa-link"></i></a></li>
    </ul>
    </div>
</div>
```

CSS 代码如下：

```
.box{
```

```
      text-align: center;             /*定义水平居中*/
      overflow: hidden;               /*定义超出隐藏*/
      position: relative;             /*定义绝对定位*/
}
.box:before{
      content: "";                    /*定义插入的内容*/
      width: 0;                       /*定义宽度*/
      height: 100%;                   /*定义高度*/
      background: #000;               /*定义背景颜色*/
      position: absolute;             /*定义绝对定位*/
      top: 0;                         /*定义距离顶部的位置*/
      left: 50%;                      /*定义距离左边50%的位置*/
      opacity: 0;                     /*定义透明度为0*/
      /*cubic-bezier 贝塞尔曲线 CSS3 动画工具*/
      transition: all 500ms cubic-bezier(0.47, 0, 0.745, 0.715) 0s;
}
.box:hover:before{
      width: 100%;                    /*定义宽度为100%*/
      left: 0;                        /*定义距离左侧为0px*/
      opacity: 0.5;                   /*定义透明度为0.5*/
}
.box img{
      width: 100%;                    /*定义宽度为100%*/
      height: auto;                   /*定义高度自动*/
}
.box .box-content{
      width: 100%;                    /*定义宽度*/
      padding: 14px 18px;             /*定义上下内边距为14px,左右内边距为18px*/
      color: #fff;                    /*定义字体颜色为白色*/
      position: absolute;             /*定义绝对定位*/
      top: 10%;                       /*定义距离顶部为10% */
      left: 0;                        /*定义距离左侧为0*/
}
.box .title{
      font-size: 25px;                /* 定义字体大小*/
      font-weight: 600;               /* 定义字体加粗*/
      line-height: 30px;              /* 定义行高为30px*/
      opacity: 0;                     /* 定义透明度为0*/
      transition: all 0.5s ease 1s;   /* 定义过渡效果*/
}
.box .post{
      font-size: 15px;                /* 定义字体大小*/
      opacity: 0;                     /* 定义透明度为0*/
      transition: all 0.5s ease 0s;   /* 定义过渡效果*/
}
.box:hover .title,
.box:hover .post{
      opacity: 1;                     /* 定义透明度为1*/
      transition-delay: 0.7s;         /* 定义过渡效果延迟的时间*/
}
.box .icon{
      padding: 0;                     /* 定义内边距为0*/
      margin: 0;                      /* 定义外边距为0*/
      list-style: none;               /* 去掉无序列表的项目符号*/
      margin-top: 15px;               /* 定义上边外边距为15px*/
}
.box .icon li{
      display: inline-block;          /* 定义行内块级元素*/
}
.box .icon li a{
```

```
    display: block;                  /* 设置元素为块级元素*/
    width: 40px;                     /* 定义宽度*/
    height: 40px;                    /* 定义高度*/
    line-height: 40px;               /* 定义行高*/
    border-radius: 50%;              /* 定义圆角边框*/
    background: #f74e55;             /* 定义背景颜色*/
    font-size: 20px;                 /* 定义字体大小*/
    font-weight: 700;                /* 定义字体加粗*/
    color: #fff;                     /* 定义字体颜色*/
    margin-right: 5px;               /* 定义右边外边距*/
    opacity: 0;                      /* 定义透明度为0*/
    transition: all 0.5s ease 0s;    /* 定义过渡效果*/
}
.box:hover .icon li a{
    opacity: 1;                      /* 定义透明度为1 */
    transition-delay: 0.5s;          /* 定义过渡延迟时间*/
}
.box:hover .icon li:last-child a{
    transition-delay: 0.8s;          /*定义过渡延迟时间*/
}
```

在浏览器中运行，鼠标指针经过特色展示区图片上时，遮罩层显示，如图 17-15 所示。

图 17-15 遮罩层显示效果

17.2.6 设计脚注

脚注部分由 3 行构成，前两行是联系和企业信息链接，使用 bootstrap 4 导航组件来设计，最后一行是版权信息。设计代码如下：

```
<div class="bg-dark py-5">
    <ul class="nav justify-content-center list pb-3">
        <li class="nav-item">
            <a class="nav-link p-0" href="">
                <i class="fa fa-qq"></i>
            </a>
        </li>
        <li class="nav-item">
            <a class="nav-link p-0" href="#">
                <i class="fa fa-weixin"></i>
            </a>
        </li>
        <li class="nav-item">
            <a class="nav-link p-0" href="#">
```

```
            <i class="fa fa-twitter"></i>
        </a>
    </li>
    <li class="nav-item">
        <a class="nav-link p-0" href="#">
            <i class="fa fa-maxcdn"></i>
        </a>
    </li>
</ul>
<hr class="border-white my-0 mx-5" style="border:1px dotted red"/>
<ul class="nav justify-content-center pt-0">
    <li class="nav-item">
        <a class="nav-link text-white" href="#">企业文化</a>
    </li>
    <li class="nav-item">
        <a class="nav-link text-white" href="#">企业特色</a>
    </li>
    <li class="nav-item">
        <a class="nav-link text-white" href="#">企业项目</a>
    </li>
    <li class="nav-item">
        <a class="nav-link text-white" href="#">联系我们</a>
    </li>
</ul>
<hr class="border-white my-0 mx-5" style="border:1px dotted red"/>
<div class="text-center text-white mt-2">Copyright 2021-5-14 我爱咖啡 版权所有
</div></div>
```

添加自定义样式代码如下：

```
.list a{
    display: block;
    width: 28px;
    height: 28px;
    font-size: 1rem;
    border-radius: 50%;
    background: white;
    text-align: center;
    margin-left: 10px;
}
```

在 IE 浏览器中运行，效果如图 17-16 所示。

图 17-16　脚注效果

17.3　设计侧边导航栏

侧边导航栏包含一个"关闭"按钮、企业 Logo 和菜单栏，效果如图 17-17 所示。

"关闭"按钮使用 awesome 字体库中的字体图标进行设计，企业 Logo 和名称包含在<h3>标记中。代码如下：

```
    <a class="del" href="javascript:void(0);"><i class="fa fa-times text-white"></i></a>
    <h3 class="mb-0 pb-3 pl-4"><img src="images/logo.png" alt="" class="img-fluid mr-2"
width="35">我爱咖啡</h3>
```

图 17-17　侧边导航栏效果

给"关闭"按钮添加 click 事件，当单击"关闭"按钮时，侧边导航栏向左移动并隐藏；当激活时，侧边导航栏向右移动并显示。实现该效果的 JavaScript 脚本文件如下：

```
$('.del').click(function(){
    $('.sidebar').animate({
        "left":"-200px",
        })
})
//弹出侧边栏
$('.show').click(function(){
    $('.sidebar').animate({
        "left":"0px",
    })
})
```

设计左侧导航栏。左侧导航栏没有使用 bootstrap 4 中的导航组件，而是使用了 bootstrap 4 框架的其他组件设计的。首先是使用列表组定义导航项，在导航项中添加折叠组件，在折叠组件中再嵌套列表组。

HTML 代码如下：

```
<div class="sidebar min-vh-100 text-white">
    <div class="sidebar-header">
        <div class="text-right">
            <a class="del" href="javascript:void(0);"><i class="fa fa-times text-
white"></i></a>
        </div>
    </div>
    <h3 class="mb-0 pb-3 pl-4"><img src="images/logo.png" alt="" class="img-fluid
mr-2" width="35">我爱咖啡</h3>
    <ul class="list-group">
        <!--折叠面板-->
        <li class="list-group-item" data-toggle="collapse" href="#collapse">
            咖啡调制 <i class="fa fa-gratipay ml-2"></i>
            <div class="collapse border-bottom border-top border-white" id="collapse">
                <ul class="list-group ">
                    <li class="list-group-item"><i class="fa fa-rebel mr-2"></i>速溶咖
啡</li>
```

```
                        <li class="list-group-item"><i class="fa fa-rebel mr-2"></i>手冲咖
啡</li>
                        <li class="list-group-item"><i class="fa fa-rebel mr-2"></i>现磨咖
啡</li>
                    </ul>
                </div>
            </li>
            <li class="list-group-item">咖啡种植</li>
            <li class="list-group-item">咖啡种类</li>
            <li class="list-group-item">咖啡烘焙</li>
        </ul>
    </div>
```

关于侧边栏自定义的样式代码如下：

```
.sidebar{
    width:200px;                            /* 定义宽度*/
    background: #00aa88;                     /* 定义背景颜色*/
    position: fixed;                        /* 定义固定定位*/
    left: -200px;                           /* 距离左侧为-200px*/
    top:0;                                  /* 距离顶部为0px*/
    z-index: 100;                           /* 定义堆叠顺序*/
}
.sidebar-header{
    background: #066754;                     /* 定义背景颜色*/
}
.sidebar ul li{
    border: 0;                              /* 定义边框为0*/
    background: #00aa88;                     /* 定义背景颜色*/
}
.sidebar ul li:hover{
    background:#066754;                      /* 定义背景颜色*/
}
.sidebar h3{
    background: #066754;                     /* 定义背景颜色*/
    border-bottom: 2px solid white;         /* 定义底边框为2px、实线、白色边框*/
}
```

实现侧边导航栏的 JavaScript 脚本代码如下：

```
$(function(){
    //隐藏侧边栏
    $('.del').click(function(){
        $('.sidebar').animate({
            "left":"-200px",
        })
    })
    //弹出侧边栏
    $('.show').click(function(){
        $('.sidebar').animate({
            "left":"0px",
        })
    })
})
```

17.4　设计登录页

登录页通过顶部导航条右侧图标来激活。登录页如图 17-18 所示，获取焦点激活动画效果如图 17-19 所示。

图 17-18　登录页效果　　　　　　　　　图 17-19　获取焦点激活动画效果

　　本案例设计了一个复杂的登录页，使用 bootstrap 4 的表单组件进行设计，并添加了 CSS3 动画效果。当表单获取焦点时，<label>标记将向上移动到输入框之上，并伴随输入框颜色和文字的变化。具体代码如下：

```
<div class="vh-100 vw-100 reg">
    <div class="container mt-5">
        <div class="text-right">
            <a class="del1" href="javascript:void(0);"><i class="fa fa-times fa-2x">
</i></a>
        </div>
        <h2 class="text-center mb-5">我爱咖啡</h2>
        <form>
            <div class="input__block form-group">
                <input type="text" id="name" name="name"required class="input text-
center form-control"/>
                <label for="name" class="label">姓名</label>
            </div>
            <div class="input__block form-group">
                <input type="email" id="email" name="email" required class="input
text-center form-control"/>
                <label for="email" class="label">邮箱</label>
            </div>
            <div class="form-check">
                <input type="checkbox" class="form-check-input" id="exampleCheck1">
                <label class="form-check-label" for="exampleCheck1">记住我? </label>
            </div>
        </form>
        <button type="button" class="btn btn-primary btn-block my-2">登录</button>
        <h6 class="text-center"><a href="">忘记密码</a><span class="mx-4">|</span><a
href="">立即注册</a></h6>
    </div>
</div>
```

　　为登录页自定义样式，<label>标记设置固定定位，当表单获取焦点时，label 内容向上移动。bootstrap 4 中的表单组件和按钮组件，在获取焦点时四周会出现闪光的阴影，影响整个网页效果。也可以自定义样式覆盖掉 bootstrap 4 默认的样式。自定义代码如下：

```
.reg{
    position: absolute;                        /* 定义绝对定位*/
    display: none;                            /* 设置隐藏*/
    top:-100vh;                               /* 距离顶部为-100vh*/
    left: 0;                                  /* 距离左侧为 0*/
    z-index: 500;                             /* 定义堆叠顺序*/
    background-image:url("../images/bg1.png");  /* 定义背景图片*/
```

```
}
.input__block {
    position: relative;              /* 定义相对定位*/
    margin-bottom: 2rem;             /* 定义底外边距为2rem*/
}
.label {
    position: absolute;              /* 定义绝对定位*/
    top: 50%;                        /* 距离顶部为50%*/
    left:1rem;                       /* 距离左侧为1rem*/
    width:3rem;                      /* 宽度为3rem*/
    transform: translateY(-50%);     /* 定义Y轴方向上的位移为-50%*/
    transition: all 300ms ease;      /* 定义过渡动画*/
}
.input:focus + .label,
.input:focus:required:invalid + .label{
    color: #00aa88;                  /* 定义字体颜色*/
}
.input:focus + .label,
.input:required:valid + .label {
    top: -1rem                       /* 距离顶部的距离为-1rem*/
}
.input {
    line-height: 0.5rem;             /* 行高为0.5rem*/
    transition: all 300ms ease;      /* 定义过渡效果*/
}
.input:focus:invalid {
    border: 2px solid #00aa88;       /* 定义边框*/
}
/*去掉bootstrap表单获得焦点时四周的闪光阴影*/
.form-control:focus,
.has-success .form-control:focus,
.has-warning .form-control:focus,
.has-error .form-control:focus {
    -webkit-box-shadow: none;        /* 删除阴影效果（兼容-webkit-内核的浏览器）*/
    box-shadow: none;                /* 删除阴影效果*/
}
/*去掉bootstrap按钮获得焦点时四周的闪光阴影*/
.btn:focus, .btn.focus {
    -webkit-box-shadow: none;        /*删除阴影效果*/
    box-shadow: none;                /*删除阴影效果*/
}
```

给"关闭"按钮添加click事件，当单击"关闭"按钮时，登录页向上移动并隐藏；当激活时，页面向下弹出并显示。JavaScript脚本文件如下：

```
$('.del1').click(function(){
    //隐藏注册表
    $('.reg').animate({
        "top":"-100vh",
    })
    $('.reg').hide();
    $('.main').show();
})
    //弹出注册表
$('.show1').click(function(){
    $('.reg').animate({
        "top":"0px",
    })
    $('.reg').show();
    $('.main').hide();
})
```